U0060191

蔡志祥／著

麵包工程師之

燕麥麵包技術手冊

第一冊

推薦序1／
廖漢雄

廖漢雄教授小檔案
- 國立高雄餐旅大學 烘焙管理系教授
- 勞動部 全國技能競賽 麵包製作職類裁判長
- UIPCG 世界青年甜點廚師盃 國際裁判

　　蔡志祥師傅是從工程科技人轉入烘焙職場的，2011年6月他報名高雄餐旅大學推廣教育中心烘焙西點丙級課程，爾後於8月再續上烘焙乙級課程。完成課程後，據他本人所述，他對烘培製作產生強烈的興趣並要把它當作一生的職業來發展。歲月如梭歷經國內多家知名烘焙坊及國外的工作經驗，他彙整所學，出版以燕麥為主材料設計發表的烘焙用書。

　　多變的消費潮流，烘焙產品的定位從外觀的包裝設計精美及內在口味的精緻及多層次口感的追求，讓烘焙從業人員無時無刻不在研發及設計的思路中，但近年來消費者對製作產品的原料產地來源、食品添加物的含量比例、製作工法等等皆很是重視，飲食的排序已由吃得飽→吃得巧→吃得有文化→吃得健康少負擔。故如何吃得健康、吃得均衡在消費者心中己是購買意願的第一優先了。

　　作者在消費者購買行為的觀察下，以食品健康為研發理念，再針對燕麥在麵包上的應用提供其學理基礎，爾後再以其專業的烘焙製作經驗來設計主題內容及方法技巧，讓讀者在學習後可將自己的心得舉一反三找到更適合自己的產品。

　　恭禧志祥師傅完成了第一本著作，也推薦給愛好烘焙讀者們！

陳耀訓師傅小檔案

· 2017 Mondial du Pain
  第六屆世界麵包大賽冠軍
· 陳耀訓·麵包埠 Yoshi Bakery
  主廚、創辦人。
· 2018 熊本製粉株式会社聯名講師
· 2019～2022 Arla Foods 亞洲區麵包大使

推薦序2／
陳耀訓

　　阿祥是我在高雄創業時的第一個正式員工；從一個未經雕琢的學徒，努力不懈的學習著這份完全陌生的事業；做麵包其實是一份相當辛苦的職業，阿祥感覺上就像是帶著一點不服輸神情工作著，再勞累的狀況下也都挺過來了。

　　很開心這十年來他一直堅持在烘焙這條路上持續精進，運用他本身固有的理工的專長和學習到的烘焙技術，研究食材的特質運用於烘焙之中；書中記錄著多款他運用燕麥粉所創作的麵包，詳細的闡述自製的配方與研究心得，對於了解燕麥這樣的食材非常有幫助。

　　燕麥粉運用在麵包上並不常見，但因含有豐富的β-葡聚醣，以致於長年以來都是討論度相當高的健康食材，書中都有彙整相關的燕麥科普知識，讓不管是普羅大眾還是職業的師傅都能夠輕易吸收。　期待這類高營養價值的食材，於未來市場上能夠有更廣泛的運用，而我相信此書一定能帶給各位讀者很多的收穫。

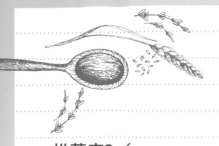

火頭工　吳家麟師傅小檔案

·阿段烘焙 主廚

·著有

1.《火頭工說麵包、做麵包、吃麵包》

2.《與酵母共舞：跟著火頭工了解發酵的科學原理，做出屬於你的創意麵包》

推薦序3／
吳家麟

　　收到蔡師傅的書稿，眼睛為之一亮，真是一本值得推薦的好書，於是承諾著手書寫一篇推薦序文。

　　蔡師傅和我有許多相似的背景，一樣從科技業轉職到烘焙業，或許背景接近研究的方法也很接近，我們研究一個主題，會從幾個不同的角度進行整理，最後匯總回歸到實務，理論往往只是提供一個參考值，只是用來縮短嘗試錯誤的時間和成本，這一點蔡師傅的觀念和我是一致的，我們都一再強調實務是最重要的，從事烘焙工作單純只會理論，不注重實務經驗，往往會變成「說了一口好麵包」，眼高手低不切實際。

　　這本書對於燕麥的研究，從燕麥的營養價值說起，我們經常會有一個先入為主的觀念，認為有營養的東西一定不好吃，這本書一開場蔡師傅就提出「讓麵包在這個健康市場上除了保有美味，也能帶來新興的競爭力」的概念，將燕麥麵包提升到美味並且能有很好的銷售成績。

　　在說明燕麥的營養價值之後，緊接著介紹燕麥的歷史背景，整本書具有相當完整的條理性和結構化，讀者可以循序漸進的進入燕麥烘焙的領域，蔡師傅認為這本書讀者群的目標設定在「已有豐富經驗」麵包師

傅，但我看來，這本書解說非常詳細，對於業餘的烘焙愛好者，也會有很好的助益，值得收藏。

分水攪拌技法，源自於燕麥的吸水性，這是貫穿本書的一個技法，也是作者深入研究燕麥的心得分享，提前把燕麥粉和水進行水合，優點很多，其中一個特點是燕麥不會搶奪主麵團的水分子，因而導致麵包乾硬。

最後蔡師傅把燕麥應用於幾款麵包，包括佛卡夏、喬巴達（拖鞋麵包）、多穀物麵包，這幾款麵包的配方和製作工序均講解的非常詳細，讀者可以做出美味的麵包作為很有特色的商品或是提供給家人健康自然的麵包。

這是一本值得珍藏的麵包書。

十多年來，由於科技的進步，各種資訊與技術得以快速傳播，因此帶動各個產業不斷地向上提升。這些年烘焙界的發展與進步，尤其在台灣，我們的麵包烘焙實力不斷的提升，甚至在國際間數次綻放耀眼的光芒，筆者很高興能夠見證這個時代，並且親自投入了這個行業。然而，時光荏苒，從網通科技轉投麵包烘焙已經十年了，雖然練就了一身好功夫，但還是會不時的想還有什麼新花樣可以開發研究。

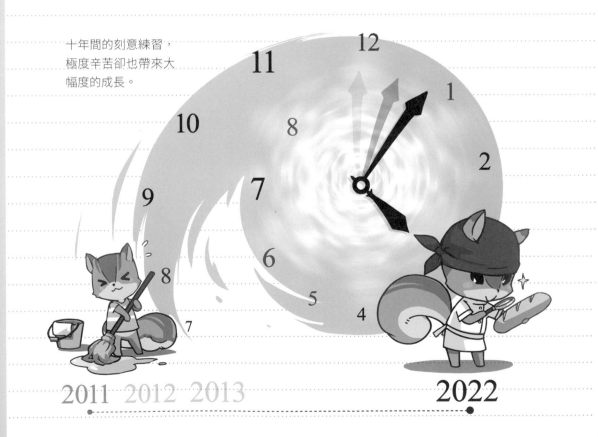

十年間的刻意練習，
極度辛苦卻也帶來大
幅度的成長。

2011 2012 2013   2022

不要瞎掰好嗎？

撒上燕麥片就是燕麥麵包了吧。

　　或許是老天聽到了筆者的心聲，很幸運的接觸到燕麥這個新食材，而且還是個有著超級食物美名的穀物，這馬上引起筆者的好奇心，並且在網路上不斷搜尋，試圖能夠找出製作美味可口的燕麥麵包技術；然而，得到的結果都不甚滿意，索性乾脆自己動腦研究；挾著理工出身的驕傲，試圖閱讀研究論文，認識燕麥的物理特性，再憑藉業界扎實訓練出來的實作技術，希望能找到適合的燕麥麵包新製程，遂開發出了「分水法」攪拌法則。此方法可以讓燕麥麵包穩定製作，並且讓口感儘量維持像是一般麵包，體積也因為分水法而有所提升。除此之外，還可以讓分水法的應用延伸到其他高比例麵團之中，而不只是侷限於燕麥麵包的製作。

本書一方面希望能呈現給「已有豐富經驗」的師傅，另一方面筆者也希望以淺顯易懂的描述，來呈現技術的要點，即使是喜愛家庭烘焙的煮夫煮婦們，也能夠吸收書中的精要，在烘焙知識上也能稍有提升並掌握更多技巧。

　　燕麥麵包技術第一冊，主要以20～40％燕麥麵包為基礎，以燕麥的科學特性與分水攪拌法，輔以原創的無糖無蛋配方作為範例，解說其中的技術原理。除了保持美味與柔軟的口感，同時也兼具健康的需求。如有特殊健康需求的族群，也可以選擇製作50％以上的重燕麥吐司系列產品，攝取更多的健康元素之外，烘焙後的燕麥香氣，百分比越高越是濃郁，斷口性也愈發顯著，讓年長的朋友也可以比較輕鬆地咀嚼品嘗。

　　未來的燕麥麵包技術第二冊（如果持續有足夠支援的話），將著重於創新應用與進一步地商業化研發，讓各家辛苦的麵包師傅們能夠少花點心力，就可以無痛投入燕麥麵包的市場，再次強化台灣麵包市場的競爭力。

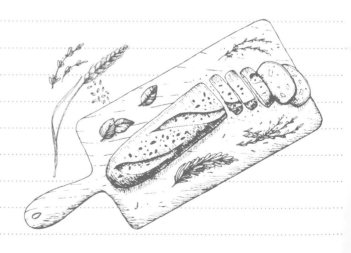

　　筆者於電機所碩畢役退後，便加入時稱科技新貴的行列，於合勤科技ZYXEL任職軟體工程師四年整，在一股反省人生的衝動之下，毅然決然離開科技業，探索內心真正的嚮往；念頭一轉，隨即想起想要開間麵包坊的陳年舊夢。回到屏東家鄉後，隨即報名了高餐推廣部烘焙課程給自己試試水溫，隨即便確立了這個目標。同年間，恰好不遠的高雄新開幕了一家日系歐式麵包坊「巴黎波波 LePain」，其麵包的風格與味道正是我所嚮往的烘焙路線。毫不猶豫地遞上履歷後，一待就是六年。在專業的教導、扎實的實戰訓練與自身的努力之下，這六年積攢大量的知識與技術；之後便時時刻刻在尋找一個與眾不同的風味，探索麵包新的可能。三年流轉，輾轉來到馬瑞利北歐燕麥麵包，遂開啟了研究燕麥麵包的新篇章……

從軟體工程師二轉麵包
工程師，點選技能樹大
不同。

原從事科技業後轉投烘焙業的人才不多，這當中經過專業艱苦的烘焙實戰訓練的人就更少了，就更不用說最後還能不改其志，仍堅持在這道路上的人可能已經瀕臨絕種了。作者自信可以帶給台灣烘焙一些不一樣的風氣，所以還持續在這個業界努力著，希望未來同業們不只能在國內的地位提昇，更能有機會往國外發展，讓台灣麵包與烘焙技術可以在世界各地深耕發光。

　　特別聲明：本書使用的技術、概念和配方皆與馬瑞利烘焙坊不同，除了20%燕麥法式短棍麵包和30%燕麥佛卡夏是由筆者開發的商品，其餘商品的製作技術與配方概念全然不相同；本作只揭露作者自行研發的配方與製程，希望透過分享，可以讓更多烘焙坊願意投入健康麵包的市場。

隨著世界文明的發展，現在有越來越多人開始重視健康飲食，而餐飲市場也從善如流地推出多種健康取向的餐食，像是蔬食餐、無麩質、低糖低油等。這些無疑都是針對許多現代文明病所發展出來的健康料理，眾多大廚們為了滿足這樣的需求，不斷地找尋如超級食物一般備受推崇的食材，並應用在自己的領域，開發出各種兼具健康與美味的佳餚。但就烘焙領域而言，尤其是麵包，變化似乎少了很多，或許是被營養師歸類在精緻澱粉的原故，因此讓很多講究健康的顧客對麵包敬而遠之。但對於我們這種愛吃麵包的人，似乎還是抗拒不了這種隨手拾起便可大快朵頤的美味。

咬吐司趕時間狂奔，快速方便，讚讚。

健康系列的麵包不是沒有，但這樣的麵包像是重裸麥麵包、多穀物鄉村麵包等等。這些無糖無油配方製作出來的產品，都給人一種口味比較單一，或是外殼堅硬，咀嚼感較強烈的印象；不然就是額外使用了非糖非油的添加物讓麵包質地軟化；如此一來，反而令人擔心，添加物帶來的新問題。因此如果能再多幾種選擇，同時口感也能維持柔軟好入口，或許能讓麵包在這個健康市場上除了保有美味，也能帶來新興的競爭力。

　　筆者有幸，偶然發現了一家位於台北的「北歐燕麥麵包馬瑞利」，便有了發想；市面上不乏將各種穀物加進麵包中的產品，像是米麵包一樣，獨獨燕麥還是個未開發之地，當下便留下深刻印象。因爲近幾年，燕麥都是健康食材排行榜上的常客，其中所含的水溶性膳食纖維，能結合水分形成黏稠的液體，可延緩胃排空、增添飽足感、降低碳水化合物及油脂的消化與吸收、增加糞便含水量，而達成減少熱量的攝取、延緩血糖上升，有效控制血糖、血脂及減重。對於需要控制血糖血脂、糖尿病患者或是必須控制體重的朋友而言，都是非常理想的食材。

　　而根據研究指出，每60g燕麥就包含約（3～6g）的膳食纖維，這已經接近成人每日建議攝取總量的五分之一。如把燕麥加入日常食品之中，另外再多添加蔬果一些食用，其實很容易達成國健署的建議標準（2021／06／15衛福部國健署「國人膳食營養素參考攝取量」第八版總表及上限攝取量表）。而需要降血脂、降血糖的朋友，則建議飲食中全穀類占主食的三分之一，並且持續一段時間每日食用，就能達到作用。

　　在筆者進入製作燕麥麵包的領域後，便發覺如果要推廣普及化燕麥麵包，必須要讓食材可以方便取得，並且製程要更穩定且降低失敗率，還必需迎合多數顧客吃軟不吃硬的偏好。因此筆者便開始著手研究燕麥科學與特性，希望制訂一套全新的配方與製程。

目前（2022年初）大家在網路上可以搜尋到的燕麥麵包的做法，通常只是配方的不同，多數的作法如同一般烘焙技法，大同小異，作出來的產品質地，卻是和一般認識的麵包差異頗大，或許是還沒有專業且有經驗麵包師傅針對燕麥作特性分析，並且根據科學提出相應的工序，建立一套穩定的製程或方法。筆者恰好有科學背景，再加上烘焙業界實戰的養成，於是乎帶著捨我其誰的驕傲，嘗試著將燕麥麵包變得簡單又美味。

　　除此之外，產品還要能進一步地商業化；因此必須要更注重出爐後，第二第三天是否一樣濕潤可口，外觀是否能夠穩定膨大，增加商業價值。因此筆者嘗試研究專業的製作工序，讓燕麥在麵包上的應用，先有一定的基礎，以利後期可以作更深入的研發。

現役球員能打出好成績，遠比
懂得原理科學來的實際吧。

51　Bread
BA.352　HR36　K21

抬腳太高，容易失去平衡。
對阿、對阿。
而且揮棒角度偏高，被三振就可惜了。

目前研究完成了第一階段，已經等不及要跟大家分享了，第一階段著重於「燕麥本身的特性如何與麵包作結合」與「分享基礎麵團的配方與製程」。

　　最後，筆者很怕酸言酸語，不免要先來打個預防針。

　　在實作與科學知識上，麵包科學當然我也略懂略懂，但仍是以實作技術為主，畢竟筆者並非穀物或食品科學專業出身，不敢有過多妄論。本書中的關鍵步驟都會說明筆者自己思考的脈絡邏輯，從頭說分明，**僅供大家參考**。技術的部分，只能本著求學過程中知道的科學研究方法與十年間累積的烘焙經驗，分析把燕麥放在麵包裡，是怎麼一回事。如果有資訊錯誤解讀或是迷思的地方，也歡迎同好指正分享，誤謬的部分，筆者也會在個人網路社群作說明並於新版本中更正，那我們就開始吧。

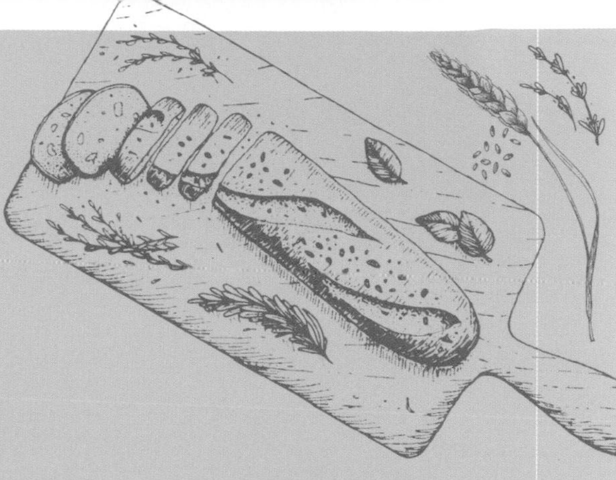

（推薦序依筆者與推薦者相遇的先後排列）

推薦序1／廖漢雄　………002

推薦序2／陳耀訓　………003

推薦序3／吳家麟　………004

導言　………006

作者背景　………009

作者序　………011

燕麥 ……017

・認識燕麥　017

・β－葡聚醣　023

・β－葡聚醣的高水結合力　025

・燕麥澱粉　029

・燕麥產地與差異　030

燕麥麵包通用實作要點 ……031

・Q1.全穀燕麥粉對於麵團攪拌直接法的影響　031

・Q2.如何確保小麥麵筋的形成　032

・全穀燕麥粉對水分的鯨吞蠶食　033

・分水攪拌法　034

・Q3.分水法實際應用的比例權衡　036

・Q4.酸鹼度對於燕麥麵種的影響　037

・Q5.溫度對於燕麥麵種的影響　037

魯邦液種 ……038

・什麼是魯邦種　038

・使用魯邦液種作爲添加物製作麵包的優點　039

・魯邦液種起種參考步驟   039

基礎麵團實作 ……045

・材料介紹   047
・器械工具介紹   050
・20%燕麥法國短棍 VS. 30%燕麥法國短棍   051
・37%燕麥吐司   059
・30%燕麥佛卡夏   064
・30%燕麥喬巴達（水合法）VS.（分水法）   071
・64%重燕麥多穀物麵包   080

總結彙整 ……087

・「分水法」從何發想   087
・處理全穀燕麥粉的兩大重點   089
・麵粉的選擇   090
・分水法的延伸應用   090
・關於烘焙計算百分比的解釋   091
・燕麥麵包和一般麵包的風味與口感差異   092

筆者的告白與遺憾   093
特別感謝   094
參考文獻   095

燕麥

　　開始之前，我們先來瞭解燕麥是個怎麼樣的材料、有什麼營養價值、採收後如何加工以及在操作過程中有什麼特別的物理特性。之後，我們再來思考，如何將全穀燕麥粉加進麵包中，還能維持麵包的口感，而不會過於乾扁紮實，不好入口，儘量可以貼近大眾的喜好。

燕麥穀物

認識燕麥

　　燕麥（學名：AvenaSativa）是現代人的主食之一，種植的歷史也已相當悠久，因為其穀穗在外觀上有一端明顯分叉的芒尖，如燕尾一般，故得其名。根據文獻，西元前一萬五千年前在人類居住的洞穴中就已經發現燕麥這種穀物，直到八世紀末才有被大量種植的紀錄，由於當時加工技術尚未成熟，不易去皮的燕麥吃起來仍相當粗糙，所以當時主要用途還是當作牲畜的飼料，而非人類的主食。一直到近代工業發達後，發現燕麥營養豐富，烹煮方便又有飽足感才開始受到大家的重視。
〔註0〕

▶註0：唐.劉禹錫「劉夢得文集」－再游玄都觀絕句詩引：重遊茲觀，蕩然無復一樹；唯兔葵燕麥動搖於春風耳。這邊的兔葵和燕麥都是植物，「兔葵燕麥」借指景色荒涼之意。劉禹錫，唐朝著名詩人，生處於八世紀末；其再次回到長安任職時留下的文章中可以了解，當時的燕麥仍被視作雜草野麥。

劉禹錫：好久沒回來，都荒廢了。

燕麥：當我塑膠？！

　　燕麥是一年生穀物，種植期有分兩個時期，春種秋收與秋種夏收；大多偏好生長在有著涼爽濕潤夏季氣候的區域。而相較於其他麥類，燕麥更能耐受寒旱的氣候，主要產地在西、北歐和加拿大與澳洲等地。由於單位面積的產量較低，採收時的損耗率也比一般穀物高，所以價格較為昂貴。

　　燕麥是纖維含量最高的作物之一，也是可溶性膳食纖維最經濟的來源之一，也是蛋白質含量最高的穀物之一，燕麥中的脂質含量也比大麥小麥等更高。其構造與多數穀物相似，最外層的是麥殼，去殼之後，較薄一層組織是燕麥麩，再來是燕麥粒中含量比例最高的乳胚，然後最內層則是胚芽。

A.燕麥麩皮（Bran）中主要含有蛋白質、中性脂質、β-葡聚醣、酚類物質和菸鹼酸，其中燕麥所含的β-葡聚醣大多存在於麩皮之中，而β-葡聚醣便是可以有效降低膽固醇、控制血糖血脂的要素，且比起大多數其他穀類麵粉，燕麥含有更多的總膳食纖維。

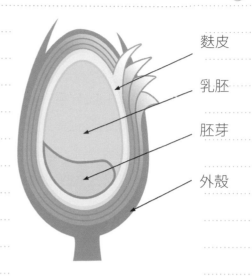

燕麥穀物構造圖

B.乳胚（Endosperm）主要是蛋白質、澱粉和少量的β-葡聚醣組成，用來提供燕麥穀粒生長所需的能量。

C.燕麥胚芽（Germ）則富含維生素B、礦物質與抗氧化物，以及多樣植物營養素。

多數穀物所含的儲存蛋白〔註0-1〕（storage protein）種類可分為四大分類：白蛋白（albumins）、球蛋白（globulins）、醇溶蛋白（prolamins）、麥穀蛋白（glutelins）。而燕麥恰恰是非常獨特的一種穀物，其所含主要儲存蛋白的類別，以球蛋白為最大的群體，最高約佔總儲存蛋白的80％，其含量比例已接近牛奶及蛋類中蛋白質。除了大米和燕麥之外，多數穀物都是以醇溶蛋白和麥穀蛋白的比例較高，以小麥、黑麥和大麥為例，其球蛋白最多佔總儲存蛋白的10％而已；而除了膳食纖維和蛋白質之外，燕麥還提供大量不飽和脂肪酸和生物活性成分，這些都是被視為高營養價值的指標之一。更多的營養成分，族繁不及備載，於此筆者只列出相對特殊的要點。

▶註0-1：儲存蛋白的作用，是作為植物發育後期的儲備養分，同時也是膳食植物蛋白的重要來源

就加工而言，燕麥與一般穀物的加工方式略有不同，因爲燕麥穀粒（6～8%）中比起小麥（2～3%）含有較多的**脂肪**，而且還同時具有高活性的**脂肪酶**。也就是說，在研磨的過程中，脂肪酶會和其本身的脂肪接觸產生反應而**生成異味**，因此加工廠在做研磨加工前，通常都會先注入高溫蒸氣，藉此除去脂肪酶活性以防異味產生，再施以熱乾燥去除濕氣，最後降溫達成穩定的且可長時間保存的狀態，隨後再依需求切片、輾壓或是研磨成粉來包裝販售。

參考文獻〔REF.01〕

另外，燕麥最常以全穀物的方式製作產品，因爲燕麥除了外殼之外，其他組成成分都相對較軟（對比其他穀物而言，如：小麥），因此較難單獨研磨細分出胚芽、胚乳或是麩皮部分；再者，燕麥上最重要的保健成份β-葡聚醣大多存在於麩皮層，所以去除麩皮便讓燕麥的食用價值大打折扣。

賣場架上可以購得的燕麥產品[註1]，不管是燕麥粒（Oat Rice）、即食燕麥片（Instant Oats）或是傳統燕麥片（Rolled Oats｜Oat Flake）基本上加工過程大同小異，只有在最後切片輾壓的階段有所不同而已；而就筆者了解，說穿了，就是厚薄度不一樣罷了；越薄的產品，越是能夠在短時間煮軟糊化。最薄的即食燕麥片，就是薄到可以用滾水澆灌，攪拌靜置5～10分鐘之後，就可以讓燕麥片大致膨脹糊化形成燕麥粥；而較厚的傳統燕麥片，則必須滾水烹煮持續6～8分鐘，才能使燕麥片軟化，而燕麥粒想當然要花費更久的時間烹煮。

▶註1：這裡只討論純燕麥製作的產品，不討論有添加或是調味過的燕麥產品。

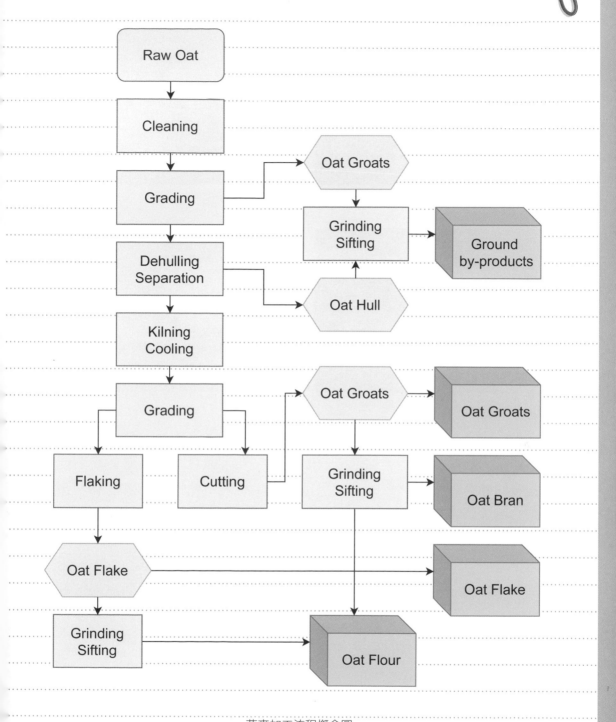

燕麥加工流程概念圖

燕麥粒。

傳統燕燕麥片。

即食燕麥片。

全穀燕麥粉。

　　除了因為厚薄度不一樣造成口感不同之外，還有一點是對於需要控制血糖的顧客要特別注意的，就是越薄的產品，升糖指數相對提高。這不難理解，因為同重量的燕麥，較薄的產品，表面積較大，因此碳水化合物容易被快速吸收。

　　而燕麥營養成分中，最著名的β-葡聚醣，大多存在於外層的燕麥麩皮之中，加工越多，切片越薄的產品，理論上損失的麩皮就越多。所以就營養價值而言，越薄的燕麥產品，加工中損失的β-葡聚醣可能就會越多。營養專家建議，可以的話，直接煮食燕麥粒是最能吸收完整的營養素。

燕麥本身是不含麩質的（gluten），本身又帶有微甜的味道和穀物的香氣，因此很多宣稱無麩質的食品就會利用燕麥來當作材料。然而需要特別注意的是，有些工廠在加工燕麥與小麥時，會共用機具，這會使得原本不含麩質的燕麥產品被汙染，而含有微量的麩質。所以讀者在挑選無麩質產品的時候，須要特別注意，如果有對麩質敏感或是有乳糜瀉困擾的讀者，最好挑選純淨沒有混用機具生產的燕麥產品。[註2][註3]

　　雖然燕麥可用於無麩質烘焙的應用，但在烘焙加工時，會因為燕麥具有高度的**水結合特性**，會造成對產品的口感與質地有較高程度的變化，因此在配方上必須有額外添加物或是以改變製程來因應。

β－葡聚醣（Beta－glucan）

　　燕麥的β-葡聚醣主要存在於燕麥麩中，乳胚次之，其中可溶性的β-葡聚醣是燕麥營養成分中最被推崇的一個元素，既可以補充膳食纖維，亦可以有效降低血液中的膽固醇與抑制血糖濃度[註4]，降低心臟疾病的風險，也有助於刺激腸道益生菌的生長與活動，維持腸道健康。

▶註2：「無麩質」根據食品法典的標準，該法典規定，只有麵筋（麩質）含量不超過20ppm或更低的食品才能被標記為無麩質。
▶註3：燕麥是否造成乳糜瀉相關的安全問題已經爭論了幾十年，一種被稱為avenin的儲存蛋白會對該敏感的個體造成影響。但許多權威人士得出結論，真正的問題是燕麥再加工時被小麥、黑麥或大麥污染了。
▶註4：這邊提到能降低血糖濃度，而前篇又提到即食燕麥片有高升糖指數（GI）。看似衝突。但筆者理解為「β-葡聚醣」本身是一種膳食纖維，低GI且可以有效延緩澱粉的吸收，進而降低餐後血糖的上升；但燕麥片不只含有β-葡聚醣，還含有燕麥乳胚中的碳水化合物，又因為切片薄的關係，養分吸收更快，才會造成升糖指數提高，所以前後並不衝突，需要密切控制血糖的朋友，務必清楚之間的差異。

而相較於大麥與黑麥所含的β-葡聚醣，從燕麥獲取的β-葡聚醣品質更高（高分子量），其含量大約是1.5至3倍左右〔註5〕。現今燕麥已成為提取β-葡聚醣的常見原料，不管是用在食品加工、健康食品甚至是化妝品，都有以燕麥提取葡聚醣做為原料的例子。

β-葡聚醣本身無味，酸鹼度為中性，少量的β-葡聚醣與水混合後，便會產生黏稠特性，且在pH2～10之間的溶液，其黏度（Viscosity）〔註5-1〕不太受影響，但是會隨著溫度上升，黏度下降。

β-葡聚醣含量的多寡與和水混合後的黏度有高度相關，並可使得液體產生濃稠與滑順感，具備增稠的特性；換句話說，不同產地的燕麥片或是含有β-葡聚醣的穀物，如果加水混合之後黏稠度越高的品項，通常可以視為含有較高品質或較高含量的β-葡聚醣。

▶註5：燕麥的葡聚醣與大麥、黑麥所含的葡聚醣有分子結構上的差異，以研究報告來看，大多推崇燕麥內含的葡聚醣，品質較優。
▶註5-1：黏度的定義並非指操作麵團時黏手的指標，而是指「流體內的摩擦力」；黏度越高，流動性越差。例如：芥花油的黏度比水高。

穀物內含β葡聚醣　分子量

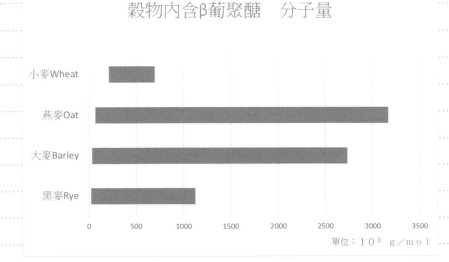

常見穀物β-葡聚醣分子量分布的比較

有研究表示，利用水煮的方式，能吸收到較多的β-葡聚醣，以供人體利用；而若以烘焙的方式製作所溶出的β-葡聚醣比例較低，筆者在燕麥麵包的製程上，會先將全穀燕麥粉用水浸泡一段時間，此法雖然沒有精密儀器可以實際量測有否改善這種情況，但相信多少能夠一定程度提高β-葡聚醣的溶出，供人體利用。

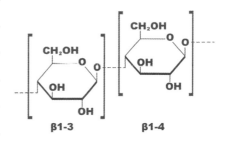

燕麥β-葡聚醣分子結構式

參考文獻〔REF.02〕

β－葡聚醣的高水結合力

筆者在製作燕麥麵包的初期（尚未開發新製程之前）便發現了燕麥麵團很不一樣，他有類似黑麥麵團一樣黏呼呼的特性，吃水也特別多，還發現在剛剛攪拌完成時，與最後要成形時的質地有明顯的不同；在剛剛攪拌完成時，麵團潮濕黏手，較有彈性；而在成形階段，麵團顯得較為乾燥，而且表面很容易被風乾，麵團柔軟，但彈力大幅減少。

多數師傅做到這個階段，總是會懷疑是不是攪拌時，打得太多抑或是打不夠筋；也想過在發酵過程中間，翻面一次加強麵團筋性。但實際操作之下，攪拌少一點或多一點，彈力的問題雖稍有改進，可都無法改善麵團變得乾燥的問題；利用發酵過程中翻面加強，隨著發酵時間加長，如此作只是讓麵團越來越失去彈性，而隨著麵團放置的時間越久，前後差異越是明顯。

因此筆者開始發覺對於燕麥諸多的疑問，逐開始萌發從燕麥基礎的物理特性開始研究，想要挖掘真正的原因，再看看能不能根據現有的烘焙技術來改進製程；於是重拾研究生的作業模式一邊挖掘論文，一邊設計實驗來印證。

首先第一個問題，就是燕麥到底能吃掉多少水分？

吸水性是製作麵包很重要的一個指標，有經驗的師傅一定都經歷過，即使全部都是使用高筋麵粉，可常常換了一個廠牌的麵粉後，整個配方的水量都要跟著調整；因此研究的首要任務就是去分析燕麥的吸水特性。首先，若是小麥粉在沒有足夠水的狀態下，自然無法發展出完整的麵筋，而燕麥本身沒有可以形成麵筋的蛋白，若要形成麵包的質地，還是得要靠小麥麩質所形成的麵筋來支撐麵包體積與造就膨鬆的口感。其二，我們同時也要滿足燕麥對於水的需求，避免燕麥與小麥競爭水分，儘量降低燕麥對於小麥麵筋發展的影響。

在研究論文中顯示，燕麥粉的吸水指數WAI[註6]，依品種不同，最多可以到達自身的3倍重以上，稍差一點的，最少也有2.5倍以上，而吸水的大戶，不是別的，就是燕麥裡最具價值的β-葡聚醣本身。β-葡聚醣含量越高的產品，WAI也相對高，呈正相關，黏度（Viscosity）也相對越高。

$$WAI = \frac{wt.\ of\ water\ uptake\ in\ hydrated\ residue}{wt.\ of\ oat\ flour}$$

參考文獻〔REF.03〕

▶註6：WAI（Water Absorption Capacity）是麵粉吸收水分和膨脹能力的指標。

不知道讀者有沒有自己泡過或是煮過燕麥粥呢？現在你可以親身試試看，買一包燕麥片，然後實際秤重60g燕麥片，加入120g水，靜置一個鐘頭後，再回頭觀察這碗燕麥粥的狀況，再想想小麥麵粉的吸水量，應該就可以體會什麼叫做燕麥的高吸水性。

由於必須滿足燕麥的高吸水特性，此時仔細推敲一下，應該已經看出一個製作燕麥麵包將會遇到的問題，那便是─如果麵團中燕麥粉的比例提高，其所需水量也會大幅提升（至少是燕麥自身重量的1倍以上），如此便會造成麵團整體重量大幅增加；而麵團質地越重，越是需要麵筋做為支架撐起麵包的體積。以商業層面來看，吃水越多成本越低本是

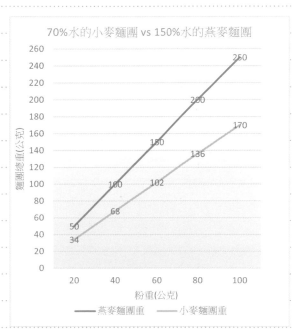

小麥麵團比重VS燕麥麵團比重

一項優勢，可一旦重量大到影響到麵包膨脹性，導致外觀大小與客觀價格產生衝突，可就要費好一番功夫跟顧客解釋一下了。

此圖表示，若是以100g燕麥粉替代等重的小麥粉，基本上整體的重量多了80g，且可以形成麵筋的麩質也減低了不少，體積更難以膨脹，不利於商業販售。

β-葡聚醣：吸水大法

H₂O

等等……我還沒……

　　其二，燕麥可以吸收比自己高2倍以上的水分，這代表他親水性，對比小麥粉而言：「極強」。意味著，如果將燕麥粉和小麥粉先混合再加入水攪拌，以燕麥粉強勢的吸水性，會讓小麥粉在攪拌或是自我分解時[註7]，得不到足夠水分而難以形成有力的麵筋或是無法得到原本該有的效果；時常造成攪打的時間拉長或是攪拌程度的不穩定。尤其是在高比例的燕麥麵包，更容易誤判麵筋的狀況。

▶註7：自我分解法（Autolyse），常見的攪拌技法之一。在攪拌初期，只混合小麥粉與水，等麵粉與水分初步混合之後，便停止攪拌並靜置15～20分鐘左右；然後再加入其他成分如酵母、鹽，再持續攪拌至完成。該技巧是利用小麥粉自身的蛋白酶（Protease enzymes）與水混合之後，會開始與蛋白質作用，不須攪拌就會初步地生成麵筋結構；此技巧最主要的目的是可以達到縮短攪拌時間，可以精準地控制麵團終溫，而不會因長時間攪拌而升高。此技法常見於法國長棍麵包的攪拌步驟。

由以上的結論，筆者便在新製程中，將燕麥粉和小麥粉各自分開並各自給水混合，最後再合併在一起攪拌的新攪拌法則，筆者暫時稱作爲「分水法」。此法則主要在保護小麥粉麵筋的形成，讓小麥粉中的麥穀蛋白和醇溶蛋白先得到需要的水分，形成麵筋之後，再與燕麥麵種的部分混合。如此一來，我們也比較好控制麵筋攪拌的階段，因爲小麥粉攪拌的這個部分就跟攪拌一般麵包一樣，有混合、拾起、擴展、完成的四階段，判斷比較不容易出錯；然而，這只是一部分的理由，後續章節會有更詳盡的說明。

燕麥澱粉

燕麥粒有40~60%是由澱粉組成，對比小麥粉的含量相對低，燕麥澱粉中直鏈澱粉和支鏈澱粉的含量分別約爲25%和75%，此部分與小麥粉相似。它們在冷水中不太容易水合（hydrate）。燕麥澱粉與室溫水混合後，會吸水並膨脹其自身尺寸的20%上下，並在乾燥後恢復到原來的大小。隨著溫度升高，吸水量也會提高。

此部分的特性大致與小麥相同。攪拌燕麥麵團時，也與一般小麥麵團一樣儘量維持在28℃以下，可以保持澱粉糊化的穩定性，減低麵團起缸時機的誤判機率；另一方面破損澱粉含量的多寡，也會影響各種烘焙特性，多數的破損澱粉產生於小麥研磨階段；選擇含有適量破損澱粉的麵粉可以增加吸水量，有助於烘焙膨脹，但過量的破損澱粉則會造成澱粉水解速度太快而使得麵團較爲癱軟，發酵穩定性降低，除了麵團操作性變差變得黏手之外，也會加速產品的老化速度。

研究報告顯示，「粉徑」也會影響吸水特性。綜合來說，造成吸水率提高的因子爲粉徑較小、蛋白質含量較高、脂質含量較低；而造成黏

度增加的因子有β-葡聚醣含量較高、操作溫度較低，因此在切換使用不同品牌燕麥粉時，可以多注意以上指標，適時改變環境因子來因應。

燕麥產地與差異

　　根據研究，燕麥的品種與種植的環境會對其內含的營養比例有不小的影響。例如澳大利亞產的燕麥比起北半球國家生產的燕麥（如加拿大）有較高比例的脂質與較少比例的蛋白質。如果讀者想要嘗試製作燕麥麵包時，可以多參考燕麥的來源，以了解其特性，再適當地調整製程，以期達成最好的效果。本作使用的「全穀燕麥粉」，是從北歐芬蘭進口，該進口貿易商官網也隨附各種基本成分檢驗資料，讓筆者在研究數據與配方時有基礎的依據。

　　研究到目前為止，筆者的心得是：以燕麥粉取代小麥粉製作烘焙產品可以大大提升營養價值和增加濕潤的口感，不管是蛋白質，脂肪、膳食纖維或是灰分都比小麥粉來的更高，更增添麵包的風味；可惜的是，燕麥的高水結合性，雖然可以得到較濕潤的麵包組織，可是另一方面卻也阻礙了麵筋的形成，而導致保留發酵氣體的重要特性大打折扣，沉重的麵包體也導致膨脹力道被壓抑減弱，大幅度影響了麵包的體積與口感，如果不改變製作程序，對於顧客接受程度將是嚴峻的考驗。

燕麥麵包通用實作要點

　　此章節直接以QA的方式闡述用一般的攪拌方式來對待燕麥麵團所會遇到的問題，然後再整合前篇提到的各種特性與筆者自身的經驗，提出解方與做法。相信這樣的方式，應該可以切中各個同業在製作燕麥麵包時遇到的困難與心中的疑惑，然後輔以科學的觀點，點出修正後的製作方法，幫助大家減低製作燕麥麵包時的困難。

Q1：

　　前篇提到攪拌燕麥麵團時（燕麥粉與小麥粉混在一起攪拌），容易誤判起缸時機，為什麼？一般而言，相同配方、環境相同、設備也一樣，照理每次判斷也都應該一樣不是嗎？

ANS1：

　　沒錯，以攪拌現有常見的麵團而言，相同配方、相同環境設備，每次攪拌的時候，都應該要得出相近似的結果，但是燕麥還有一個隱藏的特性，就是「恬恬吃三碗公的水」〔參見實驗－燕麥對水分的鯨吞蠶食〕。燕麥與水混合之後 要達到穩定麵糊的狀態，以筆者研究後得到的經驗至少都要30分鐘以上。也就是說，這段30分鐘的時間，燕麥都會持續吸收水分（甚至是攪拌完成後到第一次發酵期間都在持續而緩慢的吸收水分）。而就前10分鐘的吸水狀況來說，前後1～2分鐘的差異是更加明顯的。

　　而一般攪拌麵團通常都在10～15分鐘左右完成，量大一點的麵團通

常比較容易均勻攪拌，麵團可以早些起缸；而份量較少的麵團通常比較攪拌不到，所以時間會拖長。而這短短上下2分鐘的差異，燕麥的吸水狀態可能已經天差地遠了。

　　不難想像，份量一模一樣的兩個燕麥麵糊，一個「較濕軟的燕麥麵糊」與一個「較乾硬的燕麥麵糊（靜置過一段時間）」混在麵團裡面，不管是用拉扯感受麵團的彈性抑或是拉薄膜的方式來判斷麵團的狀態，一定會產生不小的差異，因此容易產生誤判。

　　此題怎題解？解方在前篇已經有簡單說明，但與下題QA也有相關聯，所以，讓我們繼續看下去。

Q2：
　　關於燕麥極強的吸水性，要如何才能使小麥粉可以順利吸收水分而不被燕麥影響呢？

ANS2：
　　這是此次研究最重要要解決的問題。根據筆者的實驗，燕麥粉與水混合後，到達到穩定的燕麥麵糊狀態（穩定的燕麥麵糊意指：從麵糊的軟硬度，流變或是膠狀特性，在持續30分鐘的觀察之中，若已達到無法用眼、手察覺明顯改變的狀態，即可視為穩定。）大概在30分鐘之後；又燕麥本身的親水性比起小麥更強，為了不讓燕麥在麵筋形成之前吸取大量的水分，導致麵筋的發展受到影響，所以筆者想到了利用分開給水的方式，一方面讓燕麥可以事先將一部分水先吸收後再加入主麵團攪拌；二方面讓小麥麵團有時間可以形成足夠的麵筋；而此方法筆者暫稱為「分水攪拌法」，而先與水分結合的燕麥麵糊，以下就暫以「**燕麥麵種**」來稱呼。

全穀燕麥粉對水分的鯨吞蠶食

我們準備6組50g的燕麥粉與70g的冰水（約10℃）混合來做實驗。充分混合後，每隔幾分鐘，我們記錄一次燕麥麵種的狀態，來看看燕麥麵種於不同時間所呈現的特性與狀態。

為了呈現燕麥麵種在每個時間點的吸水狀況與麵種的變化，我們準備20g左右的玻璃珠，每隔幾分鐘，使其從50公分高處自由落下，撞擊燕麥麵種表面，視玻璃球沉入燕麥麵種表面的狀況，來判斷燕麥麵種的吸水與膠化特性。

實驗機制示意圖

粉水剛混合狀態，第0分鐘，玻璃球沉入麵種，顯示此燕麥麵種還是很接近液態的狀況。

混合後第5分鐘，玻璃球只沉入一半，表示燕麥麵種已經開始明顯吸水膠態化。

混合後第10分鐘，玻璃球只沉入1 ／3左右，吸水膠態化更加明顯。

混合後第20分鐘，玻璃球沉入的部 分又更少了。

混合後第30分鐘，玻璃球沉入的 部分仍持續減少，只是越來越不明 顯，也表示吸水膠態化逐漸趨於穩 定。

混合後第40分鐘，和第30分鐘的照 片相比，幾乎已經看不出差異，也 就表示吸水狀況大致穩定，不會再 有急遽的變化。由此可以預判此麵 糊加入到一般麵團中攪拌也不至於 在攪拌過程中，嚴重影響整體麵團 的吸水與麵筋的發展。

分水攪拌法

　　分水攪拌法：由於燕麥吸水的特性，筆者先取出配方中一部分水先 和全穀燕麥粉單獨均勻混合，做成燕麥麵種，並且靜置30分鐘以上，再 與攪拌接近完成階段的小麥麵團混合〔註8〕，再攪拌到需要的程度，即可 起缸。

如同上一題提到，燕麥粉與水混合之後要到達較穩定的燕麥麵種，需要25至30分鐘，筆者取30分鐘爲準；若是有給足水量，此時燕麥縱使還有吸水的能力，應該也不至於太強。而且其吸水的速率趨緩，燕麥麵種的狀態也已趨於穩定，此時再與即將到達完成階段的小麥麵團結合，可以減少因爲燕麥大量吸水的影響所造成整體麵團的不穩定性。如果配方還有添加奶油或是液態油脂，也可以在此刻的稍後加入。

▶註8：小麥粉與水混合之後，經過翻打使其麵筋快速形成，此時麵團當中的水分大致可以分爲兩個種類：結合水和游離水。「結合水」是那些與麥穀蛋白和醇溶蛋白結合形成麵筋網路的水分，筆者認知這部分的水，既然已經形成麵筋結構的一部分，是無法再被其他成分利用的。而「游離水」便是會蒸發或是可被其他成分利用的水分，若是燕麥麵種還有些微的吸水能力，此時加入小麥麵團中混合，那些存在小麥麵團中的游離水就是會被燕麥吸收利用的水分，降低燕麥對於結合水的影響，確保麵筋網路的狀態。

結合水

游離水

Q3：

　　承上題，分水法會取用配方中一部分水先和燕麥粉結合作成燕麥麵種，請問我要怎麼衡量要取出多少水分才適當呢？

ANS3：

　　依配方而定。

　　依筆者經驗來說，兩種異質的團塊要能夠快速且容易的均勻混合，有一個很重要的指標，那就是兩種異質團塊的軟硬度要很相似，如此便能夠達成快速且容易均勻混合。

　　當然兩種異質團塊，需要有足夠的黏著力能與對方扒在一起，而小麥麵團與燕麥麵種在溫度25℃左右都有很強的黏著力，所以這方面應該不會是太大的問題。

　　由於使用的燕麥粉來源不同，吸水的特性差異也會很大。所以讀者必須要自己作實驗（後續有實作的例子可以提供參考），然後想想當初在設計燕麥麵包配方的時候，最終麵團的軟硬度應該是怎樣？再去分配該給小麥粉多少水，而燕麥粉又是多少水，可以達到讓兩個麵團有相似的軟硬度。通常實驗個2～3次左右就可以抓到一個平衡的比例。

　　前一個章節提到，實驗室數據顯示燕麥可以吸收自身3倍重的水量，那是以實驗室特殊的儀器與測定法得到的數據；而以烘焙實作和筆者的經驗來說，通常燕麥粉與水的比例在（1：1.2）與（1：1.5）之間；其中還要注意，小於1.2會讓燕麥麵種變得較為乾硬，這樣就失去讓燕麥預先吸水的目的；而超過1.5的話，通常會使得小麥麵團那邊分到的水量過少，難以攪打出優秀的的麵筋強度，所以除了各個麵團的軟硬度要考慮之外，小麥麵團那邊的水分要足夠，也是很重要的。

Q4：

酸鹼性對燕麥麵種會不會造成影響？

ANS4：

　　根據研究顯示，酸鹼值對於燕麥粉的兩個重要指標，吸水性與黏度都不會有顯著的影響；那些長時間發酵的麵團與酵頭的添加，自然也就不會對燕麥麵團的操作特性產生影響，如此便可以省去一些麻煩，專心考慮燕麥粉本身的品質，並選用合適的小麥粉，去修正配方與製程。

參考文獻〔REF.05〕

Q5：

溫度對於燕麥麵種會有什麼影響？

ANS5：

　　根據研究報告指出，β-葡聚醣的各種物理化學特性，對於酸鹼、溫度或是高濃度的**鹽溶液**都很穩定；燕麥成分之中對溫度比較敏感的，只有燕麥澱粉的糊化過程，而整個糊化過程都在40℃以上才開始有不規則的變化。所以如果只看攪拌過程（20～27℃），溫度的影響幾乎可以當作是一般麵包麵團一樣來看待。特性如同一般麵包麵團，麵團溫度越高，操作特性越差、麵團越爛越黏手。而溫度越低，像是在冷藏的溫度，麵團之中燕麥的含量越多，麵團會明顯比一般麵包麵團更硬、更沒有彈性，因此也會嚴重影響到之後的發酵與膨脹力道。

　　根據實驗報告，燕麥浸泡在高濃度的鹽溶液中也很穩定，這有助於利用燕麥麵種搭配後鹽法的技巧，來縮減攪拌時間，在之後實作的章節就會用到這個技巧。

魯邦液種

本書中會用到所謂的**魯邦液種**，相信喜愛烘焙的朋友們或多或少都有聽過魯邦種的大名，但是坊間各種做法、形式與認知都略有不同，為避免混淆，筆者在這個章節簡單的概述什麼是魯邦種、魯邦液種對於麵包的作用以及如何起種，自製魯邦液種。希望大家可以明白本書中所使用的魯邦液種的狀態為何，再針對自己手邊有的酵種做相應的處裡。

什麼是魯邦種

利用魯邦發酵種是古老的烘焙技法。當時工業尚未興起，只能以穀物與大氣中所含有的酵母菌來製作發酵麵包，最初的起種原料，就是只有麵粉和水，兩者混合一段時間之後，持續的給予新的麵粉和水，不斷的重複，在一定的環境條件之下，就可以順利培養出大量的乳酸菌及酵母菌，使得魯邦種具有溫和酸香的風味。之後，只要不斷重複餵養新的麵粉與水，置於合適的環境當中，就可以讓魯邦種持續保持活力與風味。

根據後續添加水的比例不同、使用的麵粉不同或是培養的環境不同，可以衍生出多種不同的酵頭，各有各的風味與特性，不管是作為添加物或是做為發酵用的酵母，可依照不同需求，適量添加到麵團之中。

使用魯邦液種作為添加物製作麵包的優點

　　魯邦液種中含有大量的有機酸，添加到麵團中，可以讓小麥所含的蛋白質軟化（軟化麵筋），讓麵團整體的延展性增加，保濕性也更好；添加超過20%（對麵粉比）還可以增添淡淡酸香的風味；所以不管是延長麵包保存期限、延緩老化或是增添風味，都可以提升商業價值。筆者主要是利用魯邦液種本身的風味，來提升燕麥麵包的味道，不只讓高比例的燕麥麵包可以維持柔軟的口感，更能進一步延緩麵包老化。

魯邦液種起種參考步驟

　　筆者所用的魯邦種，至少需要有5天的培養期，並且5天之後，可以持續餵養魯邦種並長久使用，不需要一再重複起種過程。而筆者餵養的方式是以作為「天然添加物」的角度去培養，而不是作為發酵用的酵母，這兩個培養方式會略有不同，如果讀者想要培養出可以做為酵母用的魯邦種，以下提供的方式可能不太適合，但筆者會於本章末段給予一些建議與方向。

　　選用麵粉方面，筆者建議儘量使用無添加的麵粉和灰分較高的麵粉，有些廠商會在小麥粉中添加如酵素或維他命C等，筆者並沒有精密儀器可以實測，但是主觀認為那樣的麵粉多數不是為了培養酵種而特製的配方，可能添加物含量會超出培養酵種的需求，微生物的生長可能也會因此產生不同的作用，而造成不可預測的發展。

　　而使用灰分較高的麵粉，據說可以帶來更強的風味，比如T55、T65、全麥麵粉或是粗磨麵粉（本書中，魯邦種的餵養都使用莫比T55

法國麵包專用粉）。而筆者親身感受也是如此，因此建議另外購買灰分較高的麵粉來餵養魯邦種。

　　以養魯邦種所使用到的添加物來說，筆者目前只有使用過天然麥芽精[註9]，實際培養的過程中，也確實沒有帶來不好的影響，使用的量也可以自行控制，甚至是不加麥芽精，也可以成功培養出魯邦液種，這部分就取決於讀者自已的判斷。

　　起種過程中，我們需要進行無氧發酵，所以必須準備兩個大小適中的密封罐輪替使用，並且在每次使用前經過沸水殺菌，乾燥之後再使用；期間所使用的器具最好也要用沸水或是酒精消毒過。

　　環境溫度必須控制在28～30℃之中，若是室溫差距太大，就必須使用「迷你培養箱」（MiniIncubator）。溫度是天然酵種很重要的生長環境因素，不同的溫度產生的菌種不同，而我們需要的是乳酸菌帶來的溫和酸味，所以溫度在28℃～30℃之間最能幫助乳酸菌增殖，並減低雜菌生長活力；而溫度太低反而容易產生酸味較刺激的醋酸，所以在溫度控管方面請務必留意。

　　而如果有需要使用pH度計，筆者建議採用專門測量膠體用的pH度計。以下我們就開始講述魯邦種起種的步驟。

▶註9：筆者使用的這款麥芽精，是萃取自大麥麥芽，是為天然的添加物，其中含有大量的酶（Enzymes），像是澱粉酶等物質有助於分解麵粉中的澱粉形成單醣可供給酵母養分，促進酵母活性。

Day0

- 裸麥粉 ------- 80g
- 麥芽精 ------- 1.6g
- 室溫水 ------- 96g
　　　　　　　177g

—不加麥芽精亦可。將粉水均勻
　拌合，使其終溫28℃，並放置
　28℃環境中，約24小時。

Day1

- Day0種 --- 80g
- 裸麥粉 ------- 80g
- 室溫水 ------- 96g
　　　　　　　256g

—取用Day0種的時候，儘量去除
　最表面的部分，而取用最底部的部分，先攪拌種和水再加入新的麵粉
　拌勻，完成終溫28℃ 並放置28℃環境中，約24小時。

Day2

- Day1種 --- 80g
- 法國粉 ------- 40g
- 裸麥粉 ------- 40g
- 室溫水 ------- 80g
　　　　　　　240g

—重複上一回的步驟之後，放置
　28℃環境中，約24小時。

Day3

· Day2種 --- 　　　80g
· 法國粉 ------- 　　　80g
· 室溫水 ------- 　　　80g
　　　　　　　　　240g

— 再重複上一回步驟，放置28℃
　　環境中，約12小時後，表面會
有明顯的小氣泡，且應該可以嗅出與前幾次不同的溫和酸味。

Day4

· Day3種 --- 　　　80g
· 法國粉 ------- 　　　80g
· 室溫水 ------- 　　　80g
　　　　　　　　　240g

— 再重複上一回步驟，放置28℃
　　環境中，約6個鐘頭後，味道又比上回更加溫和，此時便可移至冷藏
　　待用，等待續種或是添加到麵團中。

　　在Day4完成之後，筆者不會馬上拿來使用，而是先置於冷藏，隔
天再從冷藏取出續養一次之後，等到魯邦液種的pH落到4左右，才會做
為添加物與主麵團一起攪拌，之後的續種作業，步驟類似，以「原種：
水：麵粉＝1：1.2：1」拌勻，於28℃靜置約3個小時，或是pH降至4.0
以下即可移置冷藏隔天備用。

　　以這樣的魯邦液種而言，2天要續種餵養一次，可保持魯邦液種的
活性與風味，若是超過四天沒有餵養，魯邦液種過酸或是續養活性不
佳，可以在續養的時候，加入少量麥芽精（對麵粉比0.2%）幫助魯邦種

裡的菌種增殖，恢復活性。

　　魯邦種起種其實不難，但是對於新手而言，可能就要花不少時間琢磨。因為培養的環境不同，使用的麵粉不同，所產生的味道與菌種也會不太一樣。除了靠pH度計確認準確酸度之外，這時候如果沒有一個有經驗的師傅幫忙確認酵種的風味，恐怕最後養出來的酵種，自己也不太知道是不是有成功養出乳酸菌。

　　另外在起種的時候，常犯的錯誤還有頻繁的打開密封罐確認味道，如此便會讓密封罐裏面持續存在氧氣，這樣反而增加其他雜菌增生的機會，而導致乳酸菌無法以無氧增殖的優勢而失敗。常見的錯誤還有每次餵養新麵粉和水的時候，沒有更換新的容器，直接從容器刮除部分舊種後添加新麵粉和水，如此一來，很多附著於舊麵種的表面與容器周圍的雜菌也跟著被攪進麵種裡面，讓乳酸菌難以成為數量優勢的菌種而增加失敗的機率。

懶得多洗一個瓶子或是沒有事前消毒。

太常關心酵種，瓶子開開關關。

關於酵種的科學原理與使用技巧，筆者推薦堀田誠大師的著作《**發**
酵：麵包「酸味」和「美味」精準掌控》，書中對於各類酵種都有精彩
的圖文說明和爆錶的知識量，解說淺顯易懂，也符合實際操作，絕對是
每個喜愛麵包的朋友必須入手的一本工具書。

基礎麵團實作

　　大多數的朋友第一次做麵包都會選擇吐司來入門,看似簡單的造型與配方,實際上卻隱含許多經驗與知識上的門檻。所以如果問筆者第一次做麵包應該以什麼入門?我的答案是小餐包。先不論配方的複雜度,小餐包的成形方法可以非常簡單,對於新手來說也很容易觀察發酵期間麵團的狀態與烤焙期間的變化,這對於日後改進配方與製程、了解食材特性與操作,或是改善成形方式都有很大的助益。

適當模具與發酵狀態判斷

吐司麵團揉到手軟

烘烤的時間溫度無法掌控

而如果是老練的熟手，入手新的麵粉準備要開發配方與製程時，小餐包固然也是一種很好的選擇；但是整體而言，筆者認為小餐包能提供的資訊實在是很有限，倒不如直接製作「法國小長棍麵包」，以最簡單的原料來透析新食材對於整體麵團從頭到尾所產生的影響。畢竟法式長棍麵包就是最基本的麵包四元素的組合，頂多就添加風味酵種，只要風味酵種的pH值穩定，大致上也沒有脫離四元素的範圍。如此減少實驗當中的變因，對於加入新食材的特性分析，反而可以做出更加精確的判斷。

　　相信已經熟練製作法國小長棍麵包的朋友而言，對於製作麵包的經驗與知識應該都有一定的水準，雖然各家流派的標準不一，但是只要遵照科學實驗的概念，一步一步仔細記錄觀察並修正，相信讀者也可以很快地開發出屬於自家流派的燕麥產品。

　　因此筆者以法國小長棍麵包作為實驗的起始。先感受燕麥的吸水特性所帶給麵團的改變，然後修改配方與製程，嘗試做出和100％小麥粉製作的小長棍相類似的質地與外觀；之後再將結果引入到吐司配方，然後再引用到佛卡夏（Focaccia）與喬巴達（Ciabatta）；一個是可以帶來多種不同風味且具有豐富商業價值的麵團，另一個是可以供給餐廳帶給店家一筆穩定收入的產品。最後再加碼一個強調健康取向的重燕麥多穀物吐司作為特色主打。

－20％燕麥法國短棍 VS 30％燕麥法國短棍
－37％燕麥吐司
－30％燕麥佛卡夏
－30％燕麥喬巴達（水合法）VS（分水法）
－64％重燕麥多穀物麵包

材料介紹

鳥越製粉──特級哥磨

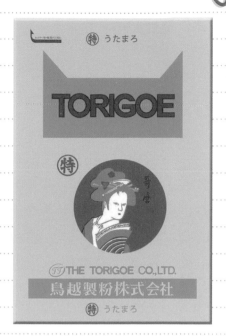

· 蛋白質：15.5%

· 灰分：0.45%

· 小麥產地：加拿大、美國

· 製造地：日本

　　特級哥磨屬於特級高筋麵粉，最大的特點就是能夠帶給麵包極度Q軟的口感，是一款罕見可以撐得住沉重燕麥的麵粉；而該麵粉絕佳的彈性與保濕性也可以為產品帶來極高的商業價值。

鳥越製粉──鐵塔法印

· 蛋白質：11.9%

· 灰分：0.44%

· 小麥產地：加拿大、美國、日本

· 製造地：日本

　　鐵塔法印是日本最早專門為歐式麵包研發的麵粉，長久以來一直以優秀的風味與溫潤的口感而備受歡迎，不管是與其他風味的法國粉混用或是單獨使用都可以帶給麵包良好的質地與香氣，而其操作特性也相當優秀。

GMP莫比T55

· 蛋白質：≧12%

· 灰分：≒0.55%

· 小麥產地：法國

· 製造地：法國

　　GrandsMoulinsParis是法國歷史最悠久、最知名的製粉廠之一。特別選用T55主要是爲了培養魯邦酵種，且魯邦種本就聞名於法國，故期待原產自法國小麥的灰分可以帶給魯邦種道地的酸香味。

全穀燕麥粉

· 蛋白質：13.5%

· 脂肪：7.2%

· 膳食纖維：10%

· 燕麥產地：芬蘭

· 進口商：友綠生活

　　β-葡聚醣含量約4.5%±0.5。粉徑＞390μm約有35%或以下；粉徑＜115μm約有10%以下。因共用產線可能「含有」微量小麥麩質。

長崎五島灘粗鹽

　　此海鹽富含礦物質，除了可以增添風味還可以強化麵筋結構。

低糖速發酵母

選擇使用速發酵母而非新鮮酵母，主要是以穩定性爲主要考量；新鮮酵母常常因爲商家保存方式的失誤，而造成發酵力的不穩定，造成實驗的數據失真。使用速發酵母唯一的困擾是不能與冰水直接混合，會造成酵母失去活性，需特別注意。

無鹽發酵奶油

使用無鹽奶油主要是爲了使吐司增加保濕，延緩老化，延長麵包生命週期。

特級冷壓初榨橄欖油

製作佛卡夏或是喬巴達的首選，清香的橄欖風味，可與多數食材搭配帶來異國風味。

器械工具介紹

製作環境溫度控制在26～28℃之間

螺旋式攪拌機

石板蒸氣烤箱

長型微波保鮮盒
GIR－2700

3303st不沾深烤盤

SN2151不沾吐司模

SN2120吐司模

溫度計

pH度計

微量秤

30%燕麥法國棍子麵包

20%燕麥法國短棍 VS. 30%燕麥法國短棍

　　相信大家都有製作法國長棍的經驗，我們先複習一下一般的法國麵團攪拌步驟，再來討論利用「分水攪拌法」該怎麼因應。

◎一般法國長棍麵團：Autolyse＋後鹽法

　　一般法國長棍麵團攪拌方式是先讓水與麵粉初步混合後靜置Autolyse 20分鐘；然後加入酵母（如有老麵亦是此刻一併加入）慢速攪拌到麵筋即將進入擴展階段時，再下鹽巴；持續慢速攪拌直到準備進入完成階段時，便可將麵團起缸進入第一次發酵階段。攪拌終溫通常設定在21～25℃之間，端看配方製程與環境因素而做改變。

後鹽法主要功能也是縮短攪拌時間。原因在於鹽雖然能夠強化麵筋的結構，使得麵筋張力變強富有彈性；但同時鹽也會阻礙麵筋的「形成」，所以在攪拌初期如果想要讓麵筋快速形成便可以使用「後鹽法的概念」，將任何會阻礙麵筋形成的固態食材或是油脂延後加入主麵團攪拌的時程。唯一的缺點大概就是1.容易忘記，2.太遲加入恐怕會有混合不均勻的情況發生，甚至像是丹麥可頌這些吃水量較少的麵團，使用後鹽法會發現糖和鹽根本就無法充分融入麵團而造成失敗。

一般法國長棍麵包配方	
法國粉	100%
水	66%
速發酵母	0.6%
法國老麵種	30%
鹽	2%
	198.6%

◎燕麥法國：（分水攪拌法＋後鹽法）＋Autolyse

20%燕麥法國（87%水）			
■燕麥麵種		■主麵團	
全穀燕麥粉	20%	法印法國粉	80%
水（1.25x）	25%	水	62%
五島灘粗鹽	2%	魯邦液種	20%
		速發酵母	0.6%
			209.6%

分水攪拌法主要是將兩種不同的粉，分開給水，避免干擾小麥粉麵筋的形成。由於燕麥的吸水強且持續很長一段時間，筆者先將燕麥粉和一部分水均勻混合（此配方使用水量爲燕麥重量的1.25倍）做成燕麥麵種，並靜置30分鐘以上，使其燕麥麵種進入穩定狀態；但又考慮到最後燕麥麵種與小麥麵團結合後還要再用**後鹽法**將鹽巴混合均勻，恐怕會拉長攪拌時間，因此筆者直接將鹽加入燕麥麵種當中，如此最後兩麵團混合之時，就不用再考慮鹽有否均勻打散以及攪拌時間拉長的影響。

而前面幾個章節也有提到，燕麥在高濃度的鹽溶液中也很穩定，所以這裡可以不用擔心燕麥麵種的特性會因此而有所改變。

小麥麵團的部分，將法國粉與剩餘的水量和一起混合均勻做Autolyse 20分鐘。之後，加入酵母與魯邦液種開始攪拌直到小麥麵團接近完成階段時，就把已經穩定的燕麥麵種加入混合均勻，攪拌到麵團彈力產生一定強度之後，便可起缸做第一次發酵，終溫22～23℃。

—第一次室溫發酵40～50分鐘後，翻面。

—第二次室溫發酵30分鐘後，分割175g製作小長棍或是250g製作法式長棍。

—鬆弛時間30分鐘後，卽可成形。

—最後發酵置於發酵箱30℃，30～35分鐘。

—烤焙溫度235／215℃，打蒸氣，總時間約18～19分鐘（法式長棍應視狀況延長烤焙時間）。

20%燕麥法國出爐時燒減率約爲（175－137）÷175≒21%。

30%燕麥法國出爐時燒減率約爲（175－141）÷175≒19.5%。

20%－小麥麵團薄膜狀態

20%－加入燕麥麵種後，起缸的薄膜狀態

20%－翻面

20%－分割

20%－預成形

20%－成形與成形後狀態

20%－最後發酵結束狀態

20%－產品出爐後外觀

20%－產品出爐後剖面照

30%燕麥法國（93%水）	
■燕麥麵種	
全穀燕麥粉	30%
水（1.25x）	37.5%
五島灘粗鹽	2%
■主麵團	
法印法國粉	70%
水	55.5%
魯邦液種	20%
速發酵母	0.6%
	215.6%

　　20%與30%燕麥法國製程步驟一樣，唯一不同的是，筆者會讓30%燕麥法國的麵團攪拌更接近完成階段，或者說薄膜測試延展再好一些。因為30%燕麥法國可以形成麵筋的成分又更少了，反而沉重的燕麥麵種更多了；這一來一往之間，筆者認為需要更細緻的麵筋來抓住發酵的產氣，才能達到較理想的體積與風味。

30%－小麥麵團薄膜狀態

30%－加入燕麥麵種後，起缸的薄膜狀態

30%－翻面

30%－分割和預成形

30%－成形

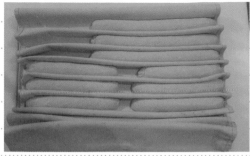

30%－最後發酵結束

30%－入爐烘烤前的割線

30%－產品出爐後外觀

30%－產品出爐後剖面照

在攪拌純小麥麵團的時候與起缸後的狀態差異很大。純小麥麵團的部分，在攪拌期間會有點類似高水量麵團，其狀態極度癱軟濕黏；在加入燕麥麵種之後可以發現因為鹽分的關係，麵團逐漸收攏成有力的狀態。但因為燕麥本身黏性也很強，所以整個麵團仍然是黏TT，在操作翻面、分割與成形的時候都要特別注意因為沾黏而破壞麵團表面張力的完整。

Let's Do Math.

拿20%與30%燕麥法國配方作比較可以發現，**增加10%的燕麥粉**，整體麵團的吃水量也要增加至少6%左右才能儘量維持法國長棍麵包的質地與外觀。特別要說明的是，研究論文上的數據顯示，燕麥可以吸收比自身還重的水量；因此照配方來看應該要增加至少10%的水供給燕麥粉吸收，但根據筆者自己的試驗，這樣的麵團變得過度沉重而造成軟癱無力；而增加低於6%的水反而使得麵團在第一次發酵後就變得粗糙乾燥沒有彈性。

進一步精算會發現，事實上燕麥粉的確增加了10%，但是同時也代表小麥粉減少10%。若是以小麥粉吸水量六成五來看，減少10%的小麥粉，實際上給水量可以減少6.5%，剛好這些不需要的水量可以全數供給燕麥粉吸收，再額外加入6%的水，總共12.5%剛好供給多出10%的燕麥粉吸收。

由以上分析說明了20%燕麥法國吃水87%，對比30%燕麥法國吃水93%，在數字精算之下其實是很合理的。數字上的恰巧，令人感覺是筆者故意為之！筆者要澄清的是，30%燕麥法國的最終配方是在我八次的實驗之後才定案，配方定案之後才開始作數字上的分析，事後筆者也覺得很意外數字上的巧合，或許1.25倍的吃水量，是真的有其意義。

看完前述，不知有沒有讀者想挑戰35～40%燕麥法國的配方與製作，就留給大家親身體驗囉。筆者在這邊只能大膽預測由於麵筋結構不足，再加上燕麥麵種的沉甸甸的重量，若以本書的配方爲基底去修改的35%以上的燕麥法國，體積會變小，成品會較扁平，最後產品可能比較像是洛斯迪克（Rustique）而不是法國長棍麵包。

37%燕麥吐司

吐司是最常見的麵包產品之一，只有簡單的造型與樸素的味道，卻可以帶出千變萬化的食用方式，使得這類產品在烘焙市場上長居熱門品項。因此原味燕麥吐司是必須且一定要研發的產品。因爲有吐司模型可以支撐麵包的重量，所以筆者特意將燕麥百分比提高到37%，讓吐司營養價值可以再往上提升一級，讓顧客在選擇配餐的時候可以有更豐富的搭配。

37%燕麥吐司

在此筆者選擇彈性極佳的麵粉作為支撐麵包的支架，即使燕麥麵種如此沉重也可以將麵包的組織與口感展露出來；風味的部分可以完全交給燕麥來發揮，37%的燕麥，其烤焙香氣肯定可以明顯地佔據顧客的嗅味覺。奶油的部分，我們目的是要增強保濕與延緩老化的功能，而不是氣味。以一般的食用習慣來說，我們不會一下子整條吐司吃完，可能會持續食用2～3天左右，所以才會需要使用奶油，讓第2～3天的吐司也可以持續保持濕潤。因此讀者可以視自己的需求，要加或不加都可以，別忘了燕麥本身就含有6～8%的脂肪，是小麥粉的2倍多，因此奶油只需要少量便可帶來足夠保濕的功能。〔註11〕

◎37%燕麥吐司：（分水攪拌法＋後鹽法）

將燕麥粉與其重量1.2倍的水以及鹽混合均勻做成後鹽法燕麥麵種，並靜置30分鐘以上備用。

將小麥麵粉與剩餘的水以及酵母一起攪拌，剛進入到完成階段時便將靜置30分鐘以上的燕麥麵種混入並攪拌均勻。這邊需要注意的是如果混合的效果不好，請動手刮缸輔助。在兩麵團初步混合後即可加入奶油一起攪打，並持續刮缸輔助。持續攪拌到適當的薄膜與彈力即可起缸做第一次發酵，終溫25～26℃。

－第一次室溫發酵40分鐘後翻面。

－第二次室溫發酵20分鐘後分割200g，滾圓且保持鬆弛狀態。

－鬆弛時間10分鐘後，以兩次桿捲成形，桿捲之間休息3～5分鐘，兩球入模SN2151。

－最後發酵，發酵箱32℃，75分鐘。

▶註11：液態油脂的保濕能力對比奶油是弱了一截，但如果讀者有茹素的需求，也是可以用液態油或是其他天然植物油取代，亦或是乾脆不加油脂。

—烤焙溫度190／230℃，烤焙時間約28分鐘。

—出爐時燒減率約為（400－358）÷400≒10.5%。

37%燕麥吐司（85%水）	
■燕麥麵種	
全穀燕麥粉	37%
水（1.2x）	44.4%
五島灘粗鹽	2%
■主麵團	
特級哥磨特高筋粉	63%
水	40.6%
速發酵母	0.6%
無鹽發酵奶油	3%
	190.6%

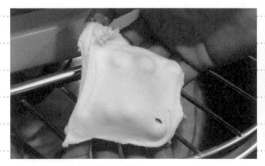

小麥麵團薄膜狀態

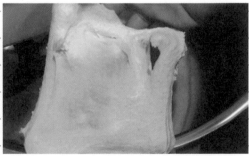

加入燕麥麵種後，起缸的薄膜狀態

翻面

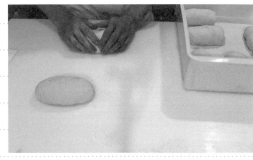
分割和預成形

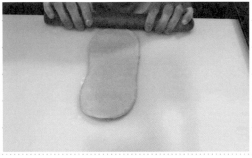
成形與入模後的狀態1

成形與入模後的狀態2

成形與入模後的狀態3

最後發酵結束狀態

產品出爐後外觀

產品出爐後剖面照

　　燕麥吐司的製作在第二次發酵的時候，開始刻意的減少休息時間，原因在於整體水量給的稍微少了些〔註12〕。因爲給的水量不多，接近臨界，所以攪拌完成後，燕麥仍會持續緩慢地吸收麵團的水分，隨著時間拉長，麵筋的強度會慢慢減弱，故筆者趁著麵團還有足夠的彈力的狀況之下，儘速讓麵團進入到最後發酵階段；並且在分割成形的動作上，儘量放輕，不要過度操作，讓麵筋可以順順地延展。最後發酵階段使用32℃發酵，主要也是讓麵團得以迅速地伸展，而酵母也可以更有活性，讓麵團充分膨脹。

　　另外，此配方的燕麥麵種的部分，其水量只用了燕麥重量的1.2倍，乃是爲了讓小麥麵團有更多的水來形成麵筋，其次是這個小麥麵團本身也偏硬，爲了小麥麵團與燕麥麵種兩個團塊可以快速混合均勻，燕麥麵種的部分也讓其形成較硬的狀態。

▶註12：若是給足水量到90%，整體麵團的重量會變得較沉重，在最後發酵與烤焙時，反而限制了膨脹的力道。

這樣的產品口感會有點Q彈，不會像市售一般小麥吐司一樣有拔絲的狀態。且風味也是可以明顯的和小麥吐司有所區別。

30%燕麥佛卡夏

有此一說，佛卡夏（Focaccia）是pizza的原型，他的起源可以追朔到羅馬帝國誕生前的義大利或是公元前1000年前的古希臘時期，但其實類似的配方在地中海鄰近各地都有被考古發現；儘管已經經過幾千年的演變，但仍是相當受歡迎與常見的西方家庭傳統美食。

由於使用大量的橄欖油製作並烘焙，所以底部會形成香脆的表皮；而高吃水量的麵團在烤焙後，麵包內部極度濕潤且鬆軟。喜歡鹹口味的可以在上面撒上各式香草、燻肉、菌菇蔬菜、起司或是胡椒；喜歡甜口

30%燕麥佛卡夏

味的可以在上面放上水果、蜂蜜、果乾、焦糖堅果或是醃漬果皮。但即使什麼都不放，撕下小塊麵包體沾著濃湯一起吃也是非常美味可口，其料理搭配千變萬化，可是一點也不會輸給吐司。

　　筆者在此仍選用彈性較好的麵粉，主要是為了可以吸收大量水分，為佛卡夏帶來濕潤鬆軟的口感。而鹽分也稍微多帶了一些，一方面是因為大量的水分稀釋了鹹味；另一方面則是希望可以強化麵筋的支撐力。選用特級初榨橄欖油則是以風味為主。攪拌方面，由於麵團非常的溼軟，傳統的薄膜測試可能較難發揮，就得依賴讀者對於麵團彈力的判斷了。

　　這個麵團必需使用冷藏隔夜發酵，所以適度的減低酵母用量，而麵團在冷藏環境休息至少8個鐘頭以上，可以使得麵筋完全鬆弛[註13]，在進入隔天發酵的階段時，可以快速且平整的攤開麵團，且在烤焙後也可以得到更加平整美觀的成品。

◎30%燕麥佛卡夏：（分水攪拌法＋後鹽法＋隔夜冷藏發酵）

　　因為場地限制，筆者只能使用螺旋式攪拌機製作；但由於吃水量極高，所以強烈建議使用直立式攪拌機攪拌麵團。

－將燕麥粉與其重量1.35倍的水以及鹽混合均勻，並靜置30分鐘以上備用。

▶註13：我們可以把麵筋想像成一張「立體且會自動重整排列」的魚網，鬆弛的時間就是讓麵筋慢慢恢復整齊排列。想像一下，要將一張胡亂收拾的漁網攤開攤平時，一定會遇上各種打結扯不開的情況，這就有點像是鬆弛不夠的麵筋，他還沒恢復到足夠整齊的排列，所以彈性很強很緊難以拉伸；而鬆弛足夠的麵團就像是一張整整齊齊收拾好的漁網，只要輕鬆抓住四個角往外扯，便可以輕鬆平均地攤開整張魚網。

─將小麥麵粉與剩餘的水一起攪拌均勻後，進行Autolyse 20分鐘。將小烤盤3303st倒入8g橄欖油，並且將油平均刷開（四個邊也都要刷上）備用。然後將酵母加入小麥麵團並且開始攪拌，直到麵團開始收攏且開始產生彈性，即可混入燕麥麵種繼續攪拌。當麵團再次有收攏跡象時，即可加入橄欖油並繼續攪拌到麵筋產生足夠強的彈性便可以起缸，終溫21～22℃。

─起缸後立即分割一球500g，並在麵團表面刷上薄油，進冷藏休息10分鐘。之後進行翻面放到備用的小烤盤，再刷上一層薄油，並以保鮮膜覆蓋整個麵團表面並排除所有空氣，隨即移至冷藏進行隔夜長時間鬆弛。

─隔天從冷藏取出後，移除保鮮膜，並將麵團平均往小烤盤周圍拉伸，置於室溫30分鐘回溫。

─之後，再次將麵團平均往小烤盤四周拉伸至覆蓋整個盤底，用手指尖平均從麵團表面往底部按壓順便排除大氣泡，然後移往32℃發酵箱作最後發酵80～90分鐘。

─最後發酵完成後，在麵團表面刷上一層薄油，然後粗略地平均地用油刷按壓麵團9～12處，並用剪刀去除大氣泡，平均鋪上食材後即可進入烤箱。

─烤焙溫度190／220℃，打蒸氣，烤焙時間約22分鐘。

─出爐後，麵包表面再刷上一層薄薄的橄欖油，可更增風味。

─出爐時燒減率約為（500－435）÷500≒13％。

30%燕麥佛卡夏（102%水）	
■燕麥麵種	
全穀燕麥粉	30%
水（1.35x）	40.5%
五島灘粗鹽	2.3%
■主麵團	
特級哥磨特高筋粉	70%
水	61.5%
速發酵母	0.5%
冷壓初榨橄欖油	5%
	209.8%

將小烤盤塗上一層橄欖油備用。

小麥麵團攪拌薄膜狀態。

加入燕麥麵種後，攪拌薄膜狀態。

加入橄欖油後，起缸薄膜狀態。

起缸後，直接分割整形。

在麵團表面塗上薄薄一層橄欖油。

以保鮮膜完整覆蓋，並移至冷藏發酵至隔天。

第二天從冷藏取出，並將麵團拉長至模具邊緣。

整理麵團表面使其平整，並置於室溫回溫30分鐘以上。

在麵團表面按壓，讓最後發酵更平均有力。

最後發酵完成後，再塗上一層薄油。

在麵團表面平均選擇9或12處按壓，排出大氣泡。

開始裝飾麵包，將喜愛的配料鋪在麵團表面，並進行烘烤。

30%燕麥佛卡夏剖面

小烤盤四邊也要刷上油是爲了封上保鮮膜時可以貼合，避免麵團再冷藏期間膨脹後，使得保鮮膜與小烤盤脫離而出現縫隙，致使麵團被風乾。

　　隔天從冷藏取出後，由於麵團溫度與發酵箱溫度差距過大，因此必須先在室溫等待，稍微讓溫度回升後，再放進發酵箱；而此時，如果麵團回縮力道還是很強，無法讓麵團拉開覆蓋整個盤底，可以試著先儘量將麵團拉開，然後再用剪刀將麵團表面至一半的深度剪開，可以讓麵團在發酵箱中容易往外伸展，而不會被過強的力道拉回去。這期間我們還有作按壓麵團排除大氣泡的動作，筆者自己的經驗是，此動作有類似翻面的效果，可以讓麵筋微幅加強，增加烤焙體積，但須注意過度按壓也會造成反效果。

　　最後，再進烤箱前的裝飾，還有一次按壓排氣，這次的動作並不是爲了翻面的效果，主要是爲了擠掉大氣泡而已，讓產品在烤焙時可以平均地膨脹，而形成平整的表面，所以按壓的點不要太過密集，否則會讓發酵好的麵團大消氣，反而減少體積。

　　產品的口感濕潤，帶有明顯的橄欖風味，麵包手感雖然較沉重，但吃起來頗爲清爽。唯一可以挑剔的應該就是較爲油膩，所以一定要選擇清爽的橄欖油。

30%燕麥喬巴達（水合法）VS（分水法）

　　喬巴達（Ciabatta），又名拖鞋麵包。源自於義大利，主要是製作義式三明治（Panino／Panini）會用的麵包；其特色在於高含水量的質地與長時間的室溫發酵，以多次翻面取代攪拌，保留更多氣孔與風味。操作上的困難點在於，發酵越到後期，移動麵團越是要輕柔，因為稍微一個重手都會讓麵團消氣。此產品適合供給早午餐店或是西式餐廳，因為其高含水的配方，使得老化並不明顯，只要施以良好的包覆，該產品可以在冷凍儲存很長的時間；而本身形狀扁平，從冷凍取出後可直接回烤，便可迅速上桌享用，除了製作義式三明治之外，原味的喬巴達也可以用手撕沾濃湯一起享用，非常符合經濟效益。另外，其配方中會加入橄欖油，除了增添風味，也讓斷口性更好，容易入口。

分水法30%燕麥喬巴達

除了燕麥粉，筆者選用60％的法國粉＋10％的特高筋的組合。選用法國粉是爲了提升小麥香氣，畢竟這類產品本來就是要凸顯穀物的味道；然而喬巴達沒有模具的輔助，而吃水量又特別高，如果麵筋太弱，烤出來的產品可能會比較像扁平的大餅，因此添加了10％的特高筋就是爲了加強麵筋結構，讓麵包看起來更厚挺一些。少量的添加魯邦液種一方面是爲了延緩老化，讓產品生命週期更長，另一方面可以稍微帶一點酸香味，或許嗅覺感受不到，但放入口中咀嚼後，便能慢慢帶出麵粉的甜味。額外添加麥芽精是爲了促進酵母活性，希望在長時間的發酵與翻面的過程中，可以讓酵母持續工作到最後。最後橄欖油的部分，筆者選用的是特級冷壓初榨橄欖油，這點應該不用多說了，橄欖油最TOP的了，風味絕佳。

　　原始的喬巴達製程，是以免揉麵包技法來製作，算是免揉麵包中相當知名的代表產品。其混合過程中，並不強調攪拌，只需要將所有材料混合均勻即可；之後便於3～4個小時的發酵過程中，操作多次的翻面讓麵筋的強度慢慢建立起來，讓麵團中慢慢地產生大量的氣體並且建立麵筋的結構。

　　恰好藉由這樣特殊的製程，我們得以來比較一下，將燕麥帶入麵包配方後，使用「原始的製程」與使用「分水法攪拌」會帶來什麼樣的差異。

　　所以這個產品，我們會先執行所謂的A.水合法（Autolyse）：也就是不強調攪拌，將所有材料混合後，以多次翻面來建立麵筋結構；第二個是筆者提倡的B.分水法：將燕麥粉、水與鹽巴混合作成後鹽法燕麥麵種後靜置，之後再加進小麥麵團再與橄欖油一起攪拌。

A.30％燕麥喬巴達 水合法：

一用刮刀或徒手將所有材料均勻混合後，將麵團放入塗抹橄欖油的盆中，麵團終溫22～23℃，休息30分鐘。

一這邊需要注意的是，使用速發酵母的話，應避免使速發酵母直接接觸冰水，應該先讓粉與水混合，再下酵母。

一第一個30分鐘過後，麵團表面灑上足夠的手粉，將麵團取出翻面後，放回容器中，休息90分鐘。

一重複一次翻面步驟，再休息30分鐘。

一再重複一次翻面步驟，再休息30分鐘。

一麵團表面灑上足夠的手粉，將麵團表面朝下取出；稍微攤平麵團之後，切掉麵團四周約1公分厚的邊，然後目視將麵團分切六等分，之後再各自補足重量到180g，並移至灑上手粉的帆布，休息15分鐘。此間麵團表面始終朝下，補麵團的面朝上。

一進入烤箱前，將麵團上下倒正，以表面朝上，補麵團的面朝下進烤箱；烤箱溫度230／210℃，打蒸氣，烤焙時間約20分鐘。

水合法

30%燕麥喬巴達（98%水）	
全穀燕麥粉	30%
法印法國粉	60%
特級哥磨特高筋粉	10%
魯邦液種	10%
麥芽精	0.2%
水	98%
五島灘粗鹽	2%
速發酵母	0.3%
冷壓初榨橄欖油	8%
	218.5%

備齊所有材料，均勻混合後，置入
容器。

30分鐘後，第一次翻面。

再過90分鐘後，後第二次翻面。

再30分鐘後，第三次翻面。

分割前，將麵團攤平，呈長方形。

儘量整齊分切成方形，並置於帆布
上休息。

以刮板將發酵好的麵團移至進爐設 水合法喬巴達出爐。
備。

水合法30%燕麥喬巴達內部組織。

分水法

30%燕麥喬巴達（98%水）

■燕麥麵種	
全穀燕麥粉	30%
水（1.35x）	40.5%
五島灘粗鹽	2%
■主麵團	
鳥越法印法國粉	60%
特級哥磨特高筋粉	10%
魯邦液種	10%
麥芽精	0.2%
水	57.5%
速發酵母	0.3%
冷壓初榨橄欖油	8%
	218.5%

B.30%燕麥喬巴達 （分水法＋後鹽法）：

—將燕麥粉與其重量1.35倍的水以及鹽混合均勻做成燕麥麵種，並靜置
　30分鐘以上備用。

—將小麥麵粉、麥芽精、魯邦液種與剩餘的水混合，再加入速發酵母攪
　拌均勻。

—接著加入靜置過後的燕麥麵種一起拌勻。

—確認燕麥麵種與小麥麵團攪拌均勻後即可下橄欖油拌勻。

—待橄欖油被麵團完全吸收之後，放入塗抹橄欖油的容器中，做第一次
　發酵。終溫22～23℃，休息30分鐘。

—接下來的操作步驟與「A.水合法」攪拌完成之後，完全相同。

攪拌小麥粉、水、麥芽精與魯邦液種。

加入酵母拌勻之後，再加入燕麥麵種。

下橄欖油後，攪拌至油被吸收掉即可。

將麵團放入保鮮盒，做第一次發酵。

30分鐘後做第一次翻面。

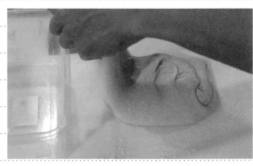

再過90分鐘之後，第二次翻面。

再過30分鐘後，第三次翻面。

將麵團正面朝下攤平，開始分割。

最後發酵完成後，準備進烤箱烘烤　成品出爐照。

成品剖面照。

水合法喬巴達

出爐時燒減率約爲（180−157）÷180≒12.7%。

分水法喬巴達

出爐時燒減率約爲（180−154）÷180≒14%。

　　比較「水合法」與「分水法」的第一次翻面，應該就可以明顯感覺到分水法的麵團比較有強度。其實也不難猜測到結果會如此，燕麥粉與小麥粉一起混合之後，雖然給予足夠的水量，然而30%的燕麥可不算少數，混雜在小麥粉之中，肯定會阻礙麵筋水合的發展；更何況是燕麥粉吸水的前30分鐘都處於一個不穩定的狀態，應該也是原因之一。

　　而看最終成品而言，無疑是分水法的產品看起來體積厚挺，賣相較佳，氣孔的分布狀態也是分水法較接近喬巴達該有的樣子。可是水合法的產品也沒有不好，除了體積較小之外，風味也沒有比較差，甚至斷口性還更好一些。只是口感上，兩者都因爲加了沉重的燕麥麵種而顯得稍微厚重，尤其水合法因爲膨脹力較差，而變得更加明顯。

比較圖：左上是分水法，右下是水合法。

就操作性來看，分水法在攪拌時較為麻煩，必須分開備料、多階段混拌、橄欖油後下和控制兩麵團的溫度等等，較為繁雜；可是翻面的時候，分水法的麵團明顯容易操作，過程中也可以感受到麵筋有較強的彈性，分割與烘烤時的移動也比較不容易消氣。

分割後，將補麵團的那一面朝上，主要原因是避免麵團沾黏在帆布上。因為補上的小塊麵團，很容易產生沾黏，一旦沾黏就會讓移動變的困難，使得麵團消氣而減少體積。

64%重燕麥多穀物麵包

製作此麵包的配方，是參考德式雜糧麵包（Mehrkronbrot）的概念。 德式雜糧麵包製作方式大都以裸麥酸種為基底，添加少量百分比的小麥粉與酵母，並將各式雜糧、穀物或堅果一併揉進麵團之中，以吐司造型或是大長條造型呈現。是非常能代表德國高裸麥比例的一款麵包，

64%重燕麥多穀物麵包成品照

其風味隨著添加的酵種、穀物與堅果各有不同。當成主食時，還可以佐上乳酪或是蔬菜一起食用，除了更加營養健康之外，味道上也很搭。

唯一讓台灣顧客吃不慣的應該就是較強的酸味與扎實的口感。所以筆者便改用酸味較溫和的魯邦液種，並將原本配方中裸麥粉的重量全數改成燕麥粉，且在燕麥粉高吸水的特性之下，一併解決口感扎實的問題，反而變成濕潤的健康穀物麵包。

選用的堅果及穀物，也都以容易取得爲主。連同小麥與燕麥，總共包含了八個種類，各種營養、維他命、礦物質極爲豐富，再添加少量的酒漬葡萄乾，讓麵包在咀嚼的過程當中，偶爾出現亮點，以促進食慾；不喜歡葡萄乾的朋友也可以改成蔓越莓乾，效果更好。

由於高比例的燕麥粉，會使得麵團比重變的非常高，還記得前篇有介紹到：燕麥的β-葡聚醣是黑麥的1.5至3倍多；也就代表著吸水量也是同比例上升。因此小麥粉的選擇，筆者全數使用彈性最好的特高筋麵粉，利用其強力的彈性來撐開麵包的體積，使得口感與一般重裸麥麵包的扎實感產生極大的不同。30％的魯邦液種，除了帶來風味，也可以讓保濕效果更好，延緩組織老化。

◎64％重燕麥多穀物麵包：（分水攪拌法＋後鹽法）

一將葵瓜子以外的堅果穀物以170℃烘烤10分鐘，放涼備用。

一將葵瓜子倒入一個平整的盤子並準備一條沾溼的乾淨毛巾（或是廚房紙巾）備用。

一將燕麥粉與其重量1.33倍的水以及鹽混合均勻做成燕麥麵種，並靜置30分鐘以上。

—將小麥麵粉與魯邦液種、酵母和剩餘的水一起攪拌，直到麵筋即將到
　達完成的階段；再將已經穩定後的燕麥麵種加入到小麥麵團中攪拌均
　勻，至少刮缸三次以確認充分混合；再將烤過冷卻後的堅果穀物連同
　酒漬蔓越莓乾一併加入；攪拌均勻後，即可起缸。終溫24～25℃。

—第一次室溫鬆弛15分鐘後，分割580g，翻捲壓摺兩次，並將表面沾
　溼，再去沾附葵瓜子，使葵瓜子覆蓋麵團整個表面（朝上的面以及較
　長邊的兩個側面，沾上麵團的葵瓜子用量約略30～40g左右）。入模
　SN2120，進行最後發酵。

—最後發酵，發酵箱32℃，80～90分鐘左右。

—烤焙溫度190／220℃，烤焙時間約35分鐘。

—出爐時燒減率約為（580－488）÷580≒15.9%。

64%重燕麥多穀物麵包（106%水）			
■燕麥麵種		■堅果穀物	
全穀燕麥粉	64%	杏仁果	9.5%
水（1.33x）	85.12%	腰果	9.5%
五島灘粗鹽	2%	核桃	9.5%
■主麵團		南瓜子	9.5%
特級哥磨特高筋粉	36%	黑芝麻	9.5%
水	20.88%	酒漬蔓越莓乾	20%
魯邦液種	30%		306.2%
速發酵母	0.7%		
	238.7%	葵花子	表面裝飾

小麥麵團薄膜狀態

加入燕麥麵種之後攪拌薄膜狀態

起缸整理成團

分割

左手將麵團翻折右手壓平，反覆多
次整形成長條狀。

將麵團表面沾溼。

再沾附葵瓜子於表面，並置入模
具。

放入發酵箱，進行最後發酵狀態。

發酵完成，準備烘烤。　　　　　　　產品出爐後外觀。

產品出爐後剖面照。

　　由於燕麥比例很高，這樣的麵團非常黏手不好操作，所以也很難以一般的方式去判斷麵團攪拌處於什麼階段，所以「小麥麵團攪拌的程度判斷」與「燕麥麵種加入混合後確實均勻混合」就變得非常重要，務必謹慎處理。

在攪拌小麥麵團的時候，請特別注意要儘量縮短攪拌時間，也可以利用水合法進行攪拌作業。原因在於此配方中的魯邦液種使用比例較高，如果只有小麥麵團單獨攪拌時，魯邦液種的加入會讓整體麵團的pH值過低，攪拌時間太久便會造成麵團無力癱軟而失去支撐力，所以務必在最短時間完成，趕緊進入加入燕麥麵種攪拌的階段，可以讓整體麵團的pH值回到正常範圍，便不會對麵筋造成過度的損害。

因為麵團極度黏手，為了不破壞麵團表面，所以成形的時候手粉一定不會少，在此筆者不建議使用燕麥粉當作手粉，因為可能會讓操作變的更加棘手；可以選擇一般高筋麵粉即可，搭配操作時減少手與麵團碰觸的時間，便可以很順利的將成形的動作完成。

此外，入模的時候，筆者習慣將中間位置的麵團稍稍下壓，使其麵團中間的部分形成一個微微下凹的狀態，如此發酵完成後，吐司的表面會較為平整，不會是中間高兩邊低的形狀。

一般多穀物麵包的「穀物」處理方式，大多是烤過再浸泡於固定比例的水中，然後才會加進麵團裡面攪拌，原因是為了避免這些穀物吸收麵團中的水分。但筆者覺得泡過水的堅果穀物，反而帶來一種混雜的味道，讀者可以親自試驗一下，選擇自己喜好的味道作調整。因此筆者在這個配方使用的堅果穀物都是只有烤焙過，而不泡水；也因為這個麵團本身就已經足夠濕潤，所以並不怕水分被堅果穀物搶走。並且不作大量烘烤，避免放久了會有油耗味，所以都是製作前一天準備足夠的量就好。

杏仁、核桃、腰果、南瓜子、黑芝麻。

　　最後要提醒的是，使用沾濕的毛巾是爲了讓水分可以平均沾附在麵團表面，也比較容易控制。如果是使用噴水槍，較容易有不均勻的情況發生。

總結彙整

「分水法」從何發想

　　這個做法說是自創是有點超過了，但以**製作的概念**來說確實是。其實最初開始製作燕麥麵包之前，除了看過母親大人爲了身體健康而開始食用燕麥粥之外，筆者是連吃都沒吃過，相關產品也都沒有食用過；一直到開始製作燕麥麵包之後，筆者開始將早餐改成吃燕麥粥，親自嘗試體驗燕麥風味，然後進一步去思考創新口味或是吃法，或是嘗試什麼樣的食材搭配最能凸顯燕麥的優勢。而在每天嘗試製作燕麥粥的同時，也漸漸看到了一些燕麥的物理特性，時間久了，在心裡也開始浮現一些想法了。

　　除了仔細研究論文與觀察燕麥特性所得啟發之外，純以作法來說，追朔到最早啟發我的，可以說是受到了Bigot烘焙坊製作「全麥吐司」〔註14〕的影響。這位主廚在製作全麥吐司時，會將全麥麵粉、日清SK特高筋麵粉與水一起混合，靜置冷藏隔夜。是的，你可能會跟我有一樣的困惑，不加酵母嗎？對的，不加酵母。該主廚說明會這樣做，主要是爲了軟化全麥麵粉粗糙的粉粒，二來是可以帶出更多麵粉的風味；而不是爲了作中種法，所以不添加酵母。當初看完這一段全麥吐司的製作介紹，只是覺得新鮮有趣，想找個時間來試作看看。而筆者也眞的實作過兩次，之後由於接觸全麥產品的機會較少，也因此將此技巧塵封於心底。

▶註14：該製作技術發表於「吐司麵包的烘焙技術」一書，page－68。PhilippeBigot 的本店位於日本兵庫県芦屋市業平町6－16。同一本書中，風間豊次師傅與狩野義浩師傅的全麥土司也使用一樣的手法。

而相似的手法，在之後幾年中陸陸續續在一些日本麵包技術翻譯書中被提到。據說，近年來流行的石臼磨成的麵粉，也因爲粉徑較大，水分較不容易完全浸透麵粉粒子，也有越來越多的師傅，會在使用石臼磨成的麵粉時，把粉與水事先混合一段時間，再進入攪拌的程序。

　　而製作燕麥麵包使用分水法技術，先泡水的主因是爲了解決β-葡聚醣的高水結合特性以及與水拌合之後，需要一定的時間才能到達穩定狀態。與前二者所述的概念有所不同。

　　筆者自己也沒想到在研究燕麥麵包新製程的時候，每天早上改吃燕麥粥再加上曾經讀過的技術，就在此刻重新融合成了一個新的概念「分水法」。 而在筆者第一次嘗試用分水法的概念，製作20%不加魯邦液種的燕麥法國之時，便一舉成功。之後就開始了一連串的研發與試作，企圖找出穩定的製程與平衡的配方，早日向大家發表這個發現，希望有更多人可以一起投入燕麥麵包的市場。

　　由於筆者現下沒有獨自的烘焙工作室，只能使用較簡陋的設備或是借用朋友的烘焙坊閒置的空檔來試作研發，試作過程中較難完美呈現，包括本書照片的拍攝，如有模糊不清楚的地方，還請多包涵。相信線上有很多店家都有的蓄熱力強的石板蒸氣烤箱、更有效率的攪拌機和更穩定的發酵設備，一定可以做出比書上更完美的產品。

下班後，仍要抽空精進知識，才能與實作經驗相輔相成

處理全穀燕麥粉的兩大重點

本書提出最重要的兩個資訊就是：

1.全穀燕麥粉有極強的吸水性（親水性）。

2.全穀燕麥粉的吸水是長時間且緩慢地吸收。

筆者運用的分水法便是基於以上兩個特點所延伸出來的做法。

而吸水性的強弱取決於β-葡聚醣的含量，且β-葡聚醣也正好是燕麥中最有價值的成分之一，因此不可能將這個成分去除，只能接受並且思考要如何因應處理其吸水特性。剩下工作，就只是如何在高比例燕麥的狀況下，讓麵團可以攪拌的更有彈性，使得麵包體積可以膨脹，提升膨鬆的口感，提高顧客的購買意願。

麵粉的選擇

在麵粉的選擇上，除了燕麥粉使用芬蘭進口的全穀燕麥粉，其他的小麥麵粉，筆者都選用筋度較強的特高筋麵粉，原因單純只是為了可以讓麵包體積最大化，口感上也比較近似鬆軟麵包。讀者若是對特高筋含有較多麩質而產生疑慮，也可以選用一般麵粉，使用分水法來製作時，一樣可以生產出蓬鬆的麵包體，麵筋較弱的狀況下，要注意成形時不要過度用力，應該也可以做出近似的效果，只是體積和外型上可能就無法要求完美。

分水法的延伸應用

分水法中隱含著一個重要的觀念，那就是一般麵包組織的形成，大多仰賴麵筋所形成的結構。所以，只要讓麵筋能夠穩定形成，便能讓發酵氣體儘量維持在麵包組織內，並在烘烤時產生足夠的空隙，使得烘焙產品帶有「一般麵包」的鬆軟口感。

因此聰明的讀者，可以舉一反三，將分水法利用在其他高成分或有高比例的第二原料的配方中。先以製造足夠的麵筋強度為主，再將第二原料加入均勻混合，如此會比一開始就全部混雜在一起攪拌的方式來得

更好，不管是在體積上或是口感上。讀者可以親身試驗一下，將手邊的重裸麥麵包配方，將裸麥粉或是雜糧粉使用分水法攪拌實作看看，相信會得到更多心得。

　　將燕麥粉加入製作蛋糕的乳沫麵糊時，也應該考慮到燕麥很強的吸水性，適時地在配方或是製程上作一些修正，讓蛋糕類產品在出爐後依然可以保持綿密濕潤。

　　其實本書的主要目的，與其說公開筆者使用的「分水攪拌法」來處理燕麥麵包，不如說是提醒讀者燕麥迥異的吸水特性所帶來的影響。筆者參考多篇論文的論述，目前除了分水法之外，想不出還有什麼方法可以改善高比例的燕麥麵包製作方式，或許讓越來越多師傅了解到燕麥的吸水特性後，終會有一個更棒的製程被發明，讓燕麥麵包的市場可以更有競爭力。

關於烘焙計算百分比的解釋

　　本書中的燕麥麵包配方，都是以「麵粉類」總重量為計算基準，而加入麵團中的風味酵種，也就是魯邦液種，是以添加物的形式存在於配方中，所以魯邦液種所用到的麵粉，並沒有加回去總麵粉重量裡面。而有些較講究的算法，會把魯邦液種用的麵粉，**校正回歸**到總麵粉重量中，所以本書中標示的百分比，校正回歸後就會跟著調降。其實兩種算法都有人用，在台灣業界前者是比較常見的狀況。而後者呢，筆者認為是要對外宣稱「全燕麥吐司」時，才會考慮使用，因為根據宣稱全麥吐司的規定而言，「總粉重量中全麥含量必須是51%以上」，筆者認為全**燕麥吐司**也應該比照辦理，才能符合政府的規定和顧客的期待。因此，若以後者的計算方式來看，本書中的64%重燕麥多穀物吐司應該改為

58%重燕麥多穀物吐司，其他類推。

燕麥麵包和一般麵包的風味與口感差異

　　由於燕麥經過烘烤之後，本身就會產生明顯的香氣，比起單純的燕麥粥，在嗅覺上可以有更豐富的享受。而燕麥本身吸水性很強，且燕麥本身所含的脂肪量也比一般小麥麵粉多，所以燕麥麵包的口感都比一般麵包來的濕潤。除此之外，燕麥麵包斷口性比起一般法國長棍麵包都來的好，即使隔夜的燕麥法國，在不回烤的狀況之下，也可以直接咬斷，比起用全小麥製作的法國麵包的Q度，食用燕麥法國可以大幅度降低咬到嘴巴酸的狀況，搭配濃湯的情況之下，咀嚼就更加輕鬆了。

　　提及營養，燕麥對於人體的助益，我想這邊不用再重提一次了。而對於有嚴重到需要限制攝取澱粉或是醣類的民眾來說，可能只有重燕麥多穀物吐司可以考慮，畢竟麵包仍然是含有大量碳水化合物的食品，為了您的身體健康，還是煮食燕麥粥最為健康安全，或是以少量的燕麥麵包作為主食，另外搭配青蔬水果等高纖食材，也不失為一個好方法。除了上述的特殊情況，多數營養師還是建議均衡攝取，不要偏廢，額外再搭配一定的運動量，相信即使不是燕麥麵包系列食品，也都可以安心享用。

筆者的告白與遺憾

　　麵包人生走到第十年，不管自己多努力堅持著完美，試圖達成心中的嚮往，或許是能力不足，或許是還不夠成熟，導致每件事多少都留下缺憾，筆者這次仍是帶著遺憾，在非常克難的狀況下，將這不甚完美的研究作品畫上句點。

　　面對著理念的衝突，無法與創意的原點馬瑞利烘焙走到最後，是這次最不願意走上的支線結局，無奈時間無法倒轉，「把握現在，積極面對未來挑戰」，仍是支持我再次獨自前行的座右銘，在未來的烘焙生涯中，期待再結識如同阿甘一般信念堅定的勇者，一起實現彼此的理想。

特別感謝

- 鐵能社 提供協助
- 德麥食品 提供協助
- 馬瑞利北歐燕麥麵包咖啡坊MARUILI BAKERY LTD
- 國立高雄餐旅大學烘焙管理系 廖漢雄教授
- 麵包埠 YOSHI BAKERY 陳耀訓師傅
- 阿段烘焙 火頭工 吳家麟師傅
- 盛櫥New's Kitchen&Bakery 鄭自盛師傅

- 插畫師Arukas

還有曾經一起奮鬥的老闆、師傅、夥伴和朋友們

參考文獻

REF.01	EricA.Decker, DevinJ.Rose, DerekA.Stewart. "Processing of oats and the impact of processing operations on nutrition and health benefits." Nutrition and Health Sciences-Faculty Publications. 31. 2014.
REF.02	BinDu, ManinderMeenu, HongzhiLiu, BaojunXu. "A Concise Review on the Molecular Structure and Function Relationship of β-Glucan." International Journal of Molecular Sciences 2019, 20(16), 4032.
REF.03	Choi, Induck et al. "Hydration and Pasting Properties of Oat (Avena sativa) Flour." Preventive nutrition and food science vol. 17,1 (2012): 87-91. doi:10.3746/pnf.2012.17.1.087
REF.04	Zhou, Meixue&Robards, Kevin&Glennie-Holmes, Malcolm&Helliwell, Stuart. "Structure and Pasting Properties of Oat Starch." CerealChemistry.75.10.1094/CCHEM.1998.75.3.273.
REF.05	S.Berggren, "Water Holding Capacity and Viscosity of Ingredients from Oats: the Effect of β-glucan and Starch Content, Particlesize, pH and Temperature." Dissertation, 2018.
REF.06	Lee, In-Sok, et al. "Physicochemical Properties of Oat (Avena Sativa) Flour According to Various Roasting Conditions." KOREAN JOURNAL OF CROP SCIENCE, vol. 62, no. 1, , Mar. 2017, pp. 32–39, doi:10.7740/KJCS.2016.62.1.032.

國家圖書館出版品預行編目資料

麵包工程師之燕麥麵包技術手冊 第一冊／蔡志祥
著. --初版.--臺中市：白象文化事業有限公司，
2022.6
　　面；　公分
ISBN 978-626-7105-44-3（平裝）
1.CST: 點心食譜 2.CST: 麵包
427.16　　　　　　　　　　　111001976

麵包工程師之燕麥麵包技術手冊 第一冊

作　　者　蔡志祥
校　　對　蔡志祥
內頁插畫　Arukas
發 行 人　張輝潭
出版發行　白象文化事業有限公司
　　　　　412台中市大里區科技路1號8樓之2（台中軟體園區）
　　　　　出版專線：（04）2496-5995　　傳眞：（04）2496-9901
　　　　　401台中市東區和平街228巷44號（經銷部）
　　　　　購書專線：（04）2220-8589　　傳眞：（04）2220-8505
專案主編　林榮威
出版編印　林榮威、陳逸儒、黃麗穎、水邊、陳婷婷、李婕
設計創意　張禮南、何佳諠
經紀企劃　張輝潭、徐錦淳、廖書湘
經銷推廣　李莉吟、莊博亞、劉育姍、林政泓
行銷宣傳　黃姿虹、沈若瑜
營運管理　林金郎、曾千熏
印　　刷　基盛印刷工場
初版一刷　2022年6月
定　　價　320元